高等艺术院校视觉传达设计专业教材

环境视觉设计

王峰 著

中国建筑工业出版社

序

“知识创造财富，而大学创造知识”。此言前半句话反映出人们对知识经济本质特征的体验，而后半句话则是人们对大学重要功能的认知。经济学家张维迎把二者合为一句话来讲，其意义就显得更加深刻了，我非常赞同这句话。我一直认为，大学的社会价值，不是体现在直接创造物质财富，而是在于它通过创造新知识从而为社会财富的创造提供动力和源泉。这是大学的光荣，大学教师因此被赋予独特的使命。学者和实业家的本质区别就在此。

最近，我们提出了要把江南大学设计学院建设成为研究型的设计学院。为什么这样提？原因主要有两点。一是结合江南大学作为国家“211工程”重点建设高校的整体发展战略和目标，即建设成高水平的研究型大学；二者，也是更重要的原因，这是我们在设计教育大规模、高速发展的形势下，对自身的一个新定位。设计学院经历了近50年的发展，是我国第一个明确以“设计”命名的学院，其历史积淀之深厚、办学目标之明确、社会责任感之强烈，使得这所学院应该而且必须在设计教育方面肩负起新的使命：为设计学科的知识创新作出大的贡献，不断创造新知识。

如何创造新知识？那就需要研究设计领域的新情况和新问题。充分结合社会经济发展，从系统的视角去不断地探索和发现问题，并不断地加以思考和总结，从而把设计领域生动丰富的实践加以总结和升华，形成对于设计规律的系统认识。此时，新的知识便诞生了。既传承前人的知识，又创造新知识，并把这些知识通过科学的方法教授给学生，使之内化为学生的知识结构和专业素质，我们的设计教育目的才能达到。

教材建设就是创造知识的一种具体表现。设计实践的发展如此迅速，教材内容也必须体现出对于这种发展的敏锐感知、深刻反思和前瞻性引导，这同样也是我对学院内各系在编写教材方面的期望。

视觉传达设计作为艺术设计的一个重要专业方向，研究领域和内涵日益拓展，研究深度和水平日益深入。我院的视觉传达系教师把自己教学和研究中的新成果作了认真和体系性的归纳，形成这套新教材，其中既有继承，又注重发展，为此他们付出了辛勤的劳动。

这套教材显然尚不完善，我恳切地希望设计领域的专家、学者和广大的学生朋友们提出宝贵的意见。批评和自我批评在目前的设计领域还是太少了，应当加强，因为这将有利于设计事业的健康发展。

江南大学设计学院院长　教授　博导
过伟敏
2005年7月于无锡西山

形状（形式美分析）

体积（有雕塑感的形态）

材料（材质感的体现）

构成（视觉结构表达）

环境视觉设计的表现类别与方法

环境空间的视觉导向

环境信息的视觉导向

环境视觉设计的方法

形式

材料

环境

创新

环境视觉的表达手法

涂鸦

写实

抽象

文字

图像

本书的整理和写作，是著者基于对现代环境视觉的现状，结合自身的认识和感受并通过具体的教学实践完成的。

本书的付诸出版，始终得到了中国建筑工业出版社的大力支持和帮助。同时，江南大学设计学院的有关领导和同仁也给予了大力帮助，江南大学设计学院公共艺术专业的曹星、郑文琦、赵轶、冯林、徐浩、王珊、田然、饶静、卜治寒、柳执一、沈雅筠同学和谷全伟先生为本书提供了相关图片，在此一并深表谢意。

谨以此书献给关注环境视觉设计的同仁及同学们。

环境视觉设计理念的引入

环境视觉设计溯源

人类远古的文字是从带有特定指向功能，用来交流思想的图形符号开始的。这些文字中具象和抽象的符号方法，为日后视觉符号的视觉表现提供了依据。

现代文字在环境视觉上的应用

契形文字

公元前两千多年，生活在两河流域的人用契形的木片刻在陶土上，形成了最早的文字之一——契形文字，它是人们利用抽象符号记录事件和思想的开端。契形文字为日后人们设计抽象的视觉符号提供了线索。

古埃及圣符

尼罗河沿岸发展起来的古埃及人，发明了以图形为核心的象形文字，也叫“圣符”，这些圣符的设计非常单纯，容易理解，他们用单一的颜色、浮世绘的线条来描绘人和动物的侧面轮廓。圣符为日后人们设计具象的视觉符号提供了线索。

中国甲骨文

甲骨文是刻在牛的肩胛骨和龟壳上的象形文字，是中国的原始先民用来传递信息和交流思想的图形符号，很难说它究竟是字，还是画。早在新石器时代就有一些类似文字的图形，而汉字是迄今依然在使用的象形文字。

中国古代华表

中国有着辉煌灿烂的古代文明史，古代视觉符号十分丰富。可以说，象形文字出现之初就是一种符号视觉，它是由图画文字演变而来，即把自然中的事物、动物、人等都变成了固定的、容易写画的符号。

文字和图像用在建筑中表现和象征某种特殊意义的情况很多，如秦、汉瓦当即是一种具有明显象征意味的视觉图形，在当时多用

土著的原始艺术

于宫殿、墓室等建筑上。组成的装饰图案的内容都是一些具有一定象征意义的文字、动物图案、植物图案等，如象征四方守护神的青龙、白虎、朱雀、玄武的动物图案以及具有吉祥寓意的其他动植物图案和装饰纹样。这些瓦当图案既是一种装饰，更是一种视觉设计。

在通信不发达的时代，人们利用烟(狼烟)作为传送与火的意义有关联的(如火急、紧急、报警求救等)信息的特殊手段。这种人为的“烟”，既是信号，也是一种标志。它的特征显著，人们从很远的地方都能迅速看到。这种非语言传送的速度和效应，是当时的语言和文字传送所不及的。今天，虽然语言和文字传送的手段已十分发达，但像标志这种令公众一目了然，效应快捷，并且不受民族、国家语言文字束缚的直观传送方式，更加适应生活节奏不断加快的需要，其特殊作用，仍然是任何传送方式都无法替代的。它以单纯、显著、易识别的物象、图形或文字符号为直观语言。在旧石器时代，人类就已经利用象征性符号作为沟通彼此思想的媒介，出现了记录、表达或象征、区别某种事物而做的各种记号，如结绳、绘画、刻木、文身、集石等记号形式。据研究，最早的可追溯到上古时代的“图腾”，这些都具有了最初的视觉功能。随着人类文明的发展，环境视觉逐渐发展演变为两大类:一类是保留较明显的图腾痕迹的标志性环境视觉、吉祥物和后来将书法和建筑相结合的传统建筑形式，如汉阙、牌坊、匾额、楹联、刻石、亭、牌

数字标志

楼等。另一类则是古代人们在生产劳动和社会生活中，为方便联系、标示意义、区别事物的种类特征和归属，不断创造和广泛使用各种类型的标记，如路标、村标、碑碣等。古代的牌坊、匾额、楹联、刻石、亭、牌楼等，在当时具备空间方位视觉和景观小品的双重意义。牌坊在古代时浸透了封建伦理文化观念，是一种榜示功德和善行的象征意义很强的建筑现象，具有一定的宣扬、题榜意义。

而坊、亭、匾等除了为建筑物自身之外，还能给建筑物周边环境乃至自然地理意境等信息提供解说点题作用，具有明显的视觉功能和具象化的空间定位。中国传统的牌坊、亭、华表以及匾额、楹联在明清时代达到繁荣鼎盛时期，当时的北京城沿长8公里的中轴线上配置了牌楼、华表等，这些设置不仅丰富了当时的城市空间环境，同时也具有一定的空间识别作用。
到本世纪，公共标志、国际化标志开始在世界普及。随着社会经济、政治、科技、文化的飞跃发展，经过精心设计而具有高度实用性和艺术性的标志，已被广泛应用于社会。一门新兴的科学“符号标志学”的应运而生已是历史必然。以景观小品作为构成城市空间环境的重要元素之一，随着城市的发展，符号、视觉在我们这个日益复杂的信息时代的城市体系中发挥着越来越重要的作用。

在现代化的城市空间中满足城市可读性作用的设置如指示灯、车站牌、候车亭等，满足信息指示和信息传达功能的设置如路标、导游图、区域交通图、旅游景点以及象征性视觉等，是由二维或三维的实体构筑和传递信息的内容所构成，和我国传统建筑中将书法和建筑相结合的形式类似。其中景观视觉作为城市的视觉设施除了有着必要的实用功能外，同时又作为景观小品的形式存在，有着审美功能。它既是城市设计的重要内容又是构成城市空间环境的景观构筑，它代表着一个城市的文明程度、社会开放程度以及城市的历史文脉、人文、城市的整体印象等。

环境视觉设计理念

视觉是人类在认识世界，获得信息各种感知方式中最重要的一种方式，也是人类接收信息量最大的一种知觉工具。视觉艺术语言的载体，是二维、三维空间的物质；视觉艺术语言表达方式，是以各种

环境视觉应用

EX1

视觉信息形态、色彩所构成的视觉来表达信息内容；视觉艺术语言的语汇，是点、线、面、体、肌理、色彩，视觉语言中语态，就是依据对信息表达的需要，有效地选择和调节视觉语汇之间的组织结构关系。

在探究视觉艺术的起源与结构时，我们会发现有趣的证据，说明在所有迷人的艺术背后都有一个共同的要素在起作用，它把视觉艺术、人和环境的总体结构联系在一起。在建筑中，“环境”就是指人们在使用建筑物时，对于建筑内部或外部所产生的生理、心理和社会意识的总和。将这几方面综合起来考虑，从而分析在空间影响下的视觉艺术及表现。

“视觉”可通俗地理解为某一客观事物在经过人们大脑、眼睛的主观审视之后而留下的人们认识这一事物的直观感觉。人们认识到建筑所包含的不仅仅是一个具有容积的“空间”，在这个空间中还存在各种其他的因素，这就是“环境”的含义。不同的设计者在每一个构思细节中都会因各自不同的视觉感受而将每一个细节处理得尽量符合自己的审美需要，环境艺术也因此而呈现百花齐放的繁荣景象。同时，作为同一个设计者也因为有了比较稳定的审美视觉习惯，才将作品设计得富有自己的艺术语言；即便是同一个设计者，在不同的时间或背景条件下审视同一作品也会产生不同的视觉效果，更不用说不同的设计者审视同一作品所产生的千差万别的视觉差异了。

大洋洲原始艺术

随着城市景观设计的发展，人们除了对城市物质层面的要求以外，对精神层面和城市文化内涵特征的要求也日趋迫切，这主要表现在：1. 追求艺术化生存方式，这是人类对生存空间自身发展不断完善而最终达到完美的目标，是设计的最高境界，也是设计协调人与自然、社会三者关系的最终目标。兴起于20世纪60年代的城市公共艺术便是一个写照，它在一定程度上提升了一个城市的整体文化品位。2. 进入城市工业信息化时代后，随着信息交流对生存环境空间以及环境艺术设计的多元化追求，人们对世界的认识不再是单一、一元化的，而是多元的信息网络反馈。信息的多重并列反馈又将激发人类更丰富的创造力，产生更多的信息。信息交流得到空前的发展，就在这个五彩缤纷的信息时代，城市空间信息的传递与建设被提到环境艺术设计和城市景观设计内容的

大洋洲原始艺术

议程上来。从景观设计的角度重新认识和研究过去一直不被人所重视的所谓的标牌、指示牌、路标等城市识别设施，以前往往比较注重城市设计的物质性和功能性等城市的硬件建设，而忽略了与这些物质与功能相对应的识别视觉和视觉信息传递，以及环境美学组合等软件设施的建设。视觉景观设计便成为我们城市设计的一项重要内容。视觉景观在这种复杂的城市空间环境中起到信息传递和信息交流沟通的桥梁作用，而我们人类天生具有的本能的、视觉的功能，会对周围的环境因远近大小不同而产生种种距离感，由此来把握我们的生存空间，并希望借助一些象征性的符号或视觉来认知生存空间。因此在建筑物环境中设置艺术或立体装饰标志景观的空间，其目的是利用特别的造型以确立建筑物的视觉形象，这些具有功能性的视觉系统设计，令人在生活环境中除了感到舒适方便外，亦能受到艺术气氛的熏陶；其责任是有效地导入迷宫般的空间环境中，使人得到适当的信息。而其艺术性、装饰性效果与功能结合，应是我们设计师、城市建设者及发展商共同关注和探讨的。

视觉传达设计所涉及的多为行业、企业的视觉和商标设计，并且多属于平面形态的设计范畴，很少考虑环境或场所的因素，如建筑设计、环境艺术设计、景观设计，这些设计主要以建筑环境空间功能和空间形式意义为主。将环境和视觉纳入一个整体进行系统研究的并不多见。环境视觉是将环境与视觉这两个领域进行结合的一个完整的概念。

公共环境视觉设计是指在特定的环境中能明确表示内容、性质、方向、原则以及形象等功能的，主要以文字、图形、记号、符号、形态等构成的视觉图像系统的设计，它是构成城市环境整体的重要部分，融环境功能和形象工程为一体。因此，必须以系统的、整体的观点，而不是分散的、孤立的方式进行设计和研究。环境视觉设计系统的概念分为两部分：一是指用来标明方向、区域的图形称号；二是指符号在环境空间中的表现形式。它包括两个方面的因素：

一方面是如何用简洁的图形符号来表达准确的含义，并能跨越国界，无需语言，瞬间识别，后者是从环境设计角度来研究；另一方面，着眼于材质、外观、位置、艺术表现等因素，并使图形符号融于整个环境的氛围中。

从广义来说，把一切用来传达空间概念的视觉符号和表现形式，看作是视觉设计。视觉设计也可以是文字、图案、环境视觉、建筑等，没有特定的形式。

视觉设计的环境意识

环境视觉从产生之日起就和环境产生了密切的关系，为此，环境视觉的设计起点应把环境元素作为设计的必备因素，应该在充分地理解环境内涵的基础上作出设计的意向。通常意义上，环境视觉所涉及的环境，就是我们生存的地球范围内的自然界的山川树木和城市农村，以及所居住的街区、具体的住所和食宿环境，这种复杂的环境是工业革命后形成的结构模式。现代信息社会的出现，更造成了这种结构的严密关系。在这种新结构中，最突出的一点就是公共建筑，把人类之间的关系变得非常密切，人类依靠公共建筑传递信息或从事工商业的活动等。公共建筑的兴起，人们交往的频繁和交通的发达，标志着新的时代。现代环境视觉正是在这种背景下出现的，它首先出现在公共场所，大型建筑群体中，或者是大型建筑的空间中。为此，设计环境视觉必须掌握建筑的美学法则，只有对建筑空间美深刻理解之后才能作出环境视觉的“设计定位”。除了对建筑部分明确认识外，还应对建筑以外的环境，即大自然赋予我们人类的那些海滨、山峰、绿地，甚至离我们远一点的环境都应有了解和认识，然后把环境视觉的内涵，渗透到其中，互为启发，这是环境视觉设计程序中最重要的前提。

导向标识

现代环境视觉揭示了自身与周围环境的本质性格，引发出环境的灵性，与周围环境巧妙地融合在一起，引出新的含义。环境视觉以它

室外环境视觉设计

导向标识

大洋洲原始艺术

独特的表现形式，在艺术设计中起到重要作用。环境视觉的设计需要多方位的思考和论证，它已不是一件孤立的供人欣赏的作品，环境视觉作品的本身在造型上、题材风格上需要和设置地域的历史、文化和地理环境、周边景物相吻合，直至成为环境中不可分割的一部分，其作用也因该区域的需要的变化而转移，这种需要就是环境的制约。正是由于环境视觉与环境的这种密不可分的关系，环境意识的培养成为一个重要的课题，以下让我们从环境视觉的设计理念来分析这个问题。

现代科学技术的飞速发展导致社会生活节奏的不断加快，生活质量不断提高，人们对赖以生存的环境开始重新思考并提出了更高层次的要求，可持续发展观，正引起全球的共识。发展的内涵不再只是经济增长和物质发达，人们正逐步重视所生存环境的质量。人们的环境意识和审美意识相结合，并加强了对人文因素的关注，使之成为现代艺术思想和艺术理念中不可缺少的一个组成部分，加之越来越多的人逐渐认同环境视觉艺术发展对每个人的身心需求所起的作用是不可低估的。因而，环境意识在环境视觉的设计理念中也越来越引起创作者的重视。这种环境意识的思维在具体的创作中可从几个方面来体现：

人文关怀

后现代主义提出“一切设计都应以人为中心”的设计理念，环境视觉艺术的设计也强调从审美角度给人以精神的享受，使人的心境舒适而得到心理平衡。如何调节人们心理上的压抑感，使人们通过环境视觉作品来调节心态，始终以最佳的心境、最好的精神状态面对社会，就成为环境视觉艺术家的研究课题。艺术家力求通过作品的外在形式及表现手法来沟通人与自然、人与环境的感情交流，传达我们内心艺术思想的追求，同时调节人们心理情绪变化，让人们在优美的环境中感受舒缓惬意，促使人们的身心愉悦化。

根据空间环境形式的要求、人的审美需求，环境视觉要能够合理而有效地展现出艺术的氛围，通过高度概括和提炼，使艺术灵感与理性的构想有机地结合，巧妙地应用。同时，还可以通过环境视觉来打破建筑空间中较为相似的形式，力求创造变化多样且别具一格的空间环境来。

注重主题性构想

空间环境与环境视觉艺术作品的结合有许多特定的空间形态，在设计环境视觉作品时，则要根据特定的空间环境来考虑环境视觉作品的艺术性、主题性构想，在突出个性、表现人性的现代艺术设计领域中，环境视觉作品的设计要有一个与空间环境形态相关联的、独具特色的、立意新颖的创作主题。运用各种手段将已确立的主题完美地表现出来，使众多的因素有机地结合统一在这个主题中。其实设计作品的最终目的就是为了传达创作者的某种思想，而优秀的设计作品在传达作者某种思想的同时，必然会相应地引起欣赏者思想上的共鸣，给欣赏者思想上以震撼或启迪。所以有人曾经这样说过："一件作品，与其使人喜，不如令人爱；与其令人爱，不如使人思。"

环境视觉艺术的设计主题内容是十分广泛的，设计师可以结合本国的历史文化背景来寻求不同的文化风格，从各地的风俗民情、文学艺术、历史故事、时代风范、地理气候、科学技术等各方面追求艺术灵感的撞击，找到独特的创意和特定的艺术理念。主题的选定可以很直接地反映出设计师的思想，主题是一件作品的灵魂，主题的选定同样还反映了设计师本身的文化层次和艺术造诣。环境视觉作品的艺术主题与空间环境、文化环境等相辅相成，有益于较为客观地展示出主题创作的精华。

整体环境意识

随着时代的发展，环境视觉艺术设计的领域也越来越宽广，面临着更多新的挑战。环境视觉艺术走入建筑与环境艺术之中，显示出了它自身的优势——丰富的材质美感和表现手段、工艺的独特魅力、坚固稳定的特点等。而现代环境设计是系统环境的艺术，它是一门集多学科交汇的艺术设计，它所涉及的范围极为广泛，又要适应多层次、多形态、多空间的复杂要求。其设计目的是创造一个更适合现代人居住的完善的空间环境。环境中物质实体都是为创造高质量的生活环境服务，并处于这种空间环境。环境视觉艺术步入环境之中，与空间环境就产生了不可分割的联系。

环境视觉设计

汉瓦当

一方面，空间的整体环境意识制约着环境视觉作品设计，整体设计是空间环境艺术设计的灵魂，环境设计与纯粹的艺术品创作有着本质上的不同，它不是一项脱离环境而存在的独立设计，而是一种整合系统的设计，是一门关系艺术。这种设计的过程已经突破了传统艺术的分类方法和界限，使各门艺术之间相互制约、渗透、融合，并在整个环境中彼此协调共生。空间环境中的各种环境视觉要素，如果脱离了特定的环境空间而单纯“自我表现”，即使自身多么完美都可能成为与环境排斥的对象，甚至破坏原有的环境空间。设计作品的美，是在某种系统环境之下，与整体关系协调“共生”才形成的一种整体设计美，这是有别与以形式的装饰为目的的“形式美”、“风格美”、“材质美”的。整体的环境制约着艺术品在设计上要体现环境的风格特征，这就要求在设计环境视觉作品的时候，在设计观念上要服从于环境的整体要求，要有一种整体的环境意识。空间环境的功能性也制约着环境视觉作品的设计，在尺度、材料以及主题的表达上都要符合其环境基本特征的要求。所以，环境视觉作品的设计，要注意整体环境，体现系统环境的整体性设计意识，这就是整体环境意识的制约作用。

另一方面，环境视觉作品对空间环境又有优化调节的作用。这种作用只有在准确、恰当地把握了整体性、结构性时才能产生。优化性的环境视觉作品在与空间环境的空间结构中借助于体、面、线多种多样的组合穿插，构成围与透、虚与实、分与聚、动与静的实体空间和视觉空间，具有空间形体的实在感和空间序列的运动感。成功的设计，在于它较充分地表现了空间环境的主要特征，强化了它的艺术氛围，同时又可以调节空间的序列，造成一种艺术境界，能够引导人们依次从一个空间到另一个空间，使各空间、层次之间，空间环境与艺术品之间相互交流、渗透、引申，使序列布局既有水平序列层次也有垂直序列层次的变化，提高了空间的艺术氛围，营造了艺术化的空间环境。

表达个性与风格

环境视觉的风格展现与空间环境创造的风格应该始终保持一致，同时又要与展现给人们的作品本身的艺术个性保持一致，这就给环境视觉艺术的设计提出了更高的要求。除了对环境视觉的造型、色彩、质地等的完善结合外，还要体现人们内心的理想与追求，为相应的空间环境创造出各具特色的环境风格，展示不同的意境，将人间情感、环境气氛、审美意愿等诸多因素综合在一起，力求创造出既有独特的艺术风格又能表达艺术个性的优美空间环境。“他山之石，可以攻玉”，来自各个领域、各个地域的不同素材，如珍贵的文化古迹、原始的非洲木雕、神秘的热带丛林、独特的部落遗风等，都是我们在进行环境视觉作品设计时展示个性和风格的创作灵感来源。

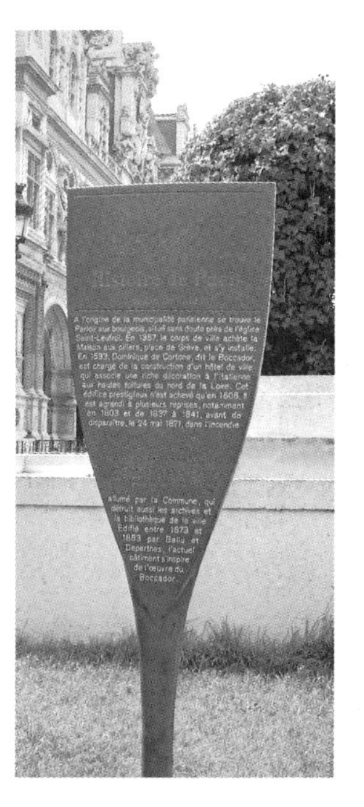

自然、绿色、环保

“可持续发展观的共识使人们越来越认真而深刻地反思自己在创造物质世界的同时给地球环境和人类健康造成的危害，思索自己在赖以生存的地球上应当担负的责任、奋斗的目标和努力的方向”。保护环境、回归自然、崇尚简洁的意识已经成为了人们的共识。因此环境视觉艺术作品的创作也应该跟上时代发展的趋势，并通过艺术创作和处理使作品的外观呈现材质所特有的、自然的视觉效果，营造一个对人类身心健康有益的环境。同时还可以就环境保护，表现自然主题进行专门的创作与研究。在人们的居住环境、各种公众活动场所、外部空间环境中，艺术家以各种方法表现自己对自然的推崇和重视。自然界中的景物都成了环境视觉设计的素材，如绵延起伏的山峦、波涛汹涌的海浪、石壁奇异的肌理、自由自在的鸟儿等等，为我们进行设计创作提供了取之不尽的生活源泉，它呼唤人们爱护自然，保护大自然的生态平衡，从大自然中寻找生存的价值和希望，使自然和谐、安宁与人类共存。

环境视觉设计

室外环境视觉设计 / 日本

环境视觉设计的原理与发展趋向

视知觉的原理与特性

人对环境感知的各种感觉，如触觉、味觉、嗅觉等均无法使人产生审美快感。那么视知觉是如何产生的呢？视觉是一个复杂的过程，它包括的内容大大超出眼睛的本身，不可能按照一个简单的“刺激－反应”系统来分析。因为“看”除了眼睛以外还包括大脑，并且通过与先前经验的对照，大脑则需要决定对象有什么特点，是否值得在对于它们给予注意的过程中起着主导作用。

如果人们要求所设计的视觉环境能有效地反映使用者的一切需要，设计者必须了解这些固有的、自动感知的机制与满足人们认知环境的信息需要间的关系。人们无论从事什么工作都需要视觉信息。视觉是人体各种感觉中最重要的一种，视觉与触觉不同，后者是单独地感知一个物体的存在，而视觉所感知的却是环境的大部分或全部。

视知觉的几种主要特性

视觉知觉：知觉是一种信息或语言，艺术家通过它们传递想法或思维过程，观察者则接收这些信息并将其意义剖析出来。知觉是人脑对直接作用于它的客观事物的整体反映。对艺术家来说，主要是通过视觉来知觉客观的事物，引起思想上的共鸣。

知觉到形状模式，有两种性质足以使它们成为视觉概念：普遍性和容易认识性。一开始只能知觉到一个模糊不清的整体（或完形），之后逐渐对其修正、润饰和细节加工。形状是由各种简单形合成的，色彩也由最单纯的“质”——红、黄、蓝合成（若是光色，则为红、绿、蓝），对形、色把握的能力与观察者所受的文化熏陶和接受教育的不同而有差别。

视觉抽象：康德说“没有抽象的视觉谓之盲，没有视觉的形象的抽象谓之空”。一般是把抽象与具体变成两个相互排斥或截然相反的东西，实际上一种意象能代表或再现同类中所有其他个别现象，这就是一般普遍性或抽象化，如仅考虑它自身就是个别的。视觉只要有了注意力，且当人们的心灵有了足够的警醒和使注意力高度集中时，就已经具有了抽象力。

视觉心理在视觉中不论是对于形、光、色的体验，还是对客观事物的认识，都涉及一系列的心理活动，其中包括了形式心理、心理力场、光色视觉以及错觉幻觉诸种心理活动。研究它的目的在于加强物象的中心，强化对象的秩序以达到完善的境地。A. 形式心理：形式心理是物象的形式感对人们产生的心理反映。物象在空间中存在的形式，不同的结构关系产生了不同的形式心理。B.心理力场：根据视觉的力能特性，物象所产生的放射、分散与凝聚，都是心理力场在一定范围内相互关系与矛盾变化的结果，构成了心理力场。视觉心理力的机制，在于引导人们的注意，传递转移外界信息，在步移景异中能完整地理解客观物象。C.光色视觉：视觉对于光色的感觉是特别敏感的，无论是明暗强弱还是色彩的联想，对于人的生理、心理都有不同的影响，有时候甚至影响人们的正常生理感受。

错觉幻觉:自然界万物的变化无穷无尽，在视觉上产生的错觉、幻觉以及图形的变形，在所难免，面对这种问题，一是加以修正，二是加以强化以表达某种特殊的效果。错觉、幻觉有时对于人的心理会产生奇妙的变化，可借助于错觉、幻觉的应用，创造新奇的环境。

LEVI STRAUSS & CO.
ORIGINAL RIVETED
QUALITY CLOTHING
Levi's® Store

室外环境视觉

视觉符号的分类及意义

视觉符号是多而复杂的，如果要将其分类的话，可分为“指示性和图形性”与“象征性和隐喻性”两大类。

指示性和图形性的符号

卢浮宫室外环境视觉

指示性的符号一般常见于建筑环境中各种标志或与使用功能密切联系在一起的某些部件，例如功能性很强的公共建筑中的路标、火警疏散标记（指示方向）、标志符号或是楼梯、电动扶梯，作为一种建筑符号标示了交通路线等等。也有用一整体形象来“告知”的，如美国的“热狗快餐店”建筑，就是用面包夹香肠的形象来标示出其功能。这种符号具体、形象、一目了然、意义明确而且告知的方式也直截了当，但同时也没有什么“意境”可言，因为它一下子把信息全告诉给人，毫无保留。有些指示性的符号也借助于文字或同其一道作用，使意义更明确，更容易为人所知（如商标）。它们常在一个建筑的不同部位反复出现，以加强总的视觉印象，达到使人记忆的目的。

室外环境视觉

不过并非凡是借助了文字的都是指示性的符号，例如中国建筑自古以来都喜欢在门上加匾额、题“对子”，不论是商号、私宅还是官府或宫殿。但它们的作用已不仅仅限于标示功能了。特别是在园林建筑中，其独立的审美意义就更为突出了，诗词匾联不仅有点题的作用，还可使环境产生“诗情画意”。特别好的诗文和书法，不仅具有独立的文学、艺术上的魅力，还使得建筑环境产生意境，这种意境可以启发人联想，并使人欣赏以后回味无穷，而这些正是造园者所追求的境界。图形性的符号很多，甚至连文字符号都是一种经过抽象化了的图形。从广义上讲，所有的建筑符号都具有图形性，它们都是由几何性或非几何性视觉图形要素按照一定的几何或非几何关系所构成的形态。而狭义地讲，一般是指带有比较明确的易于辨别的图形特征的符号。装饰图案及构件也可作为符号，这主要是指那些出于对形式美、构图法则或视觉效果等方面的考虑，具有纯粹装饰作用的一些图案或构件，它们的造型新颖别致，给人一种视觉上的美好印象。

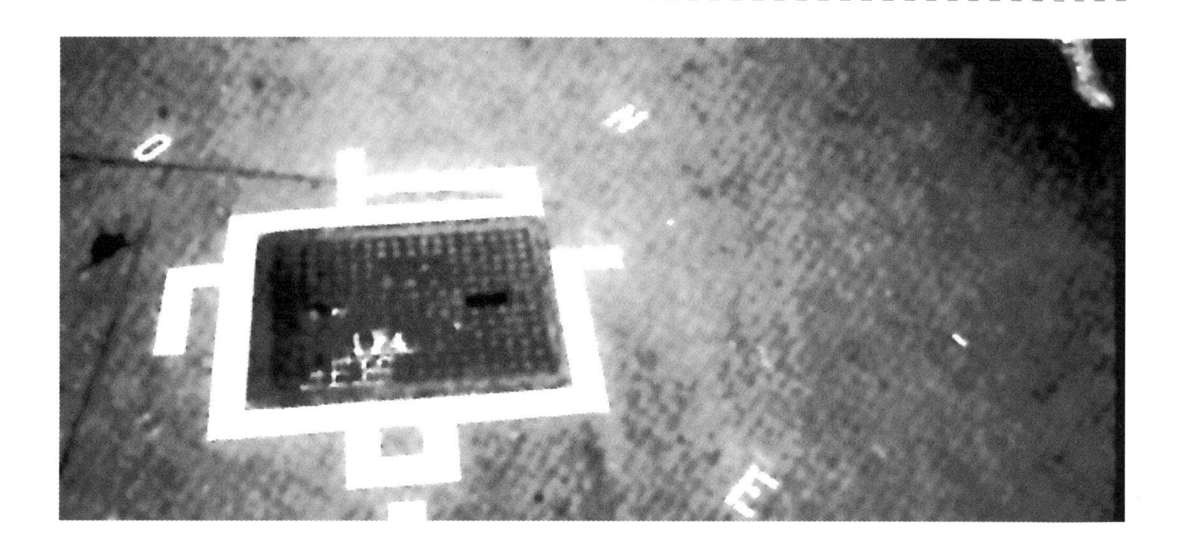
O
N
E

N
E
S

And A
music books design art fashion
And A
music books design art fashion
PANE E VINO
BARBACOA
GRILL

店面环境视觉 / 日本

象征性或隐喻性符号

建筑中比较典型的象征性符号的例子如基督教堂的十字架,它是上帝和耶稣的象征。中国古代建筑中象征性符号运用得也很广泛,例如许多变形的如意图案。象征着“吉祥如意”的屋脊两端的“鸱尾”,据说是抽象化了的鲸鱼,因为鲸鱼会喷水,这同用鱼形图案装饰的意思相同,都是取意为“水能攻火”。因为中国古代建筑大都是木结构的,将屋顶象征为海,有了水就不怕失火了。用了这种象征符号一来是作为一种心理安慰,在盖房时候“图个吉利”,表示一种良好的、保平安的愿望;二来,这些图案作为装饰也能使建筑的造型丰富、有趣味。因此,这些建筑符号具有双重含义。当代美国建筑理论家文丘里对于象征主义,曾对其语言学上的意义有过非常明确的论述:“建筑师在建筑中传统地使用象征主义以丰富建筑的内容,同时使它不再是一个纯粹的空间的工具,象征主义的范围扩大了,不仅仅表现其自身,也赋予含义,并发出不仅是内涵,而且也是外延的明确的信息。”这里不仅指出了象征意义可以传达较为明确的信息,也指出建筑不能仅仅作为一种具有形式美的视觉形象,还要具有文化意义。他强调建筑的“附加属性”,即表达一定的含义,这样就使得建筑物不光是一个“纯粹的空间”,而是具有 多方面文化意义的“多维艺术”。象征主义的建筑有些以整体形象来象征,如著名悉尼歌剧院用它那独特的造型使人联想为港湾上一片片鼓胀的风帆,或有评论家说成是张开的贝壳。隐喻的特征是暗示。根据审美知觉理论,“艺术作品的形式作为一个整体,不但包括直接表露的意象,而且还包括那些根据某些文化中的习惯用法能最确切论证的暗示的内容”。隐喻性的符号可分两层次,一种较浅显,称为“明隐喻”,例如历史性传统构件或构图,可以较直接地使人想到传统、地方;另一种隐喻暗示性更含混、隐蔽,不那么一目了然,被称为“复杂隐喻”或“多重隐喻”。

我们再从视觉传递的角度来认识环境视觉设计,它则属于空间信息传播媒介。“视觉生活是一项极其奥妙而深刻的东西,视觉语言表面上是它的客观表示,借造型的特性来推广作用。借助视觉的性能,发挥了原始时代视觉语言的初级功效。进入了现代,科学带了路,一切都变了,而变得很特别,在时间和空间的争夺下,一切好像要变成统一的大量的符号世界,人类使用视觉语言的世纪已成为了过去,接着视觉语言有意要来统治我们的样子,物质提高了视觉生活,人类心理的矛盾,看它哪里去寻找失去的视觉的原始性能。”

大洋洲原始艺术

室外环境视觉 / 日本

视觉文化符号传播系统正在成为我们生存环境的更为重要部分。将视觉文化作为一种主导性的文化形态，将视觉文化作为一种系统的学理研究，是进入20世纪80年代才开始的，而视觉文化进入传播学研究的视野，则在90年代后才引起了某些关注。

以视觉为中心的视觉文化符号传播系统正向传统的语言文化符号传播传统提出挑战，并使之日益成为我们生存环境的更为重要部分。符号的起源是对生产劳动的过程及其结果的摹仿的描绘。早在原始社会，人们便开始使用某种符号和图案来表述特殊含义，从结绳记事到中国、埃及的象形文字的产生等，都是人们对符号的利用和发展。现代环境视觉设计在构成形态上，可以集现在一切可以利用的材料，如钢铁、混凝土、不锈钢、塑料及最新的高科技材料。它的造型也越来越向着城市公共艺术雕塑的方向发展，只不过它一定有象征表达的作用，也就是上面所说的它是一种媒介传递手段。既使是这种构筑上没分任何信息文字内容、符号，观众也能凭借以往的视觉经验，直接觉察到这种构筑的象征表达性。根据其使用功能和使用性要负载着一些具体的内容和城市空间信息，如路标、地图、传递信息的方向指示牌、规定性指示物、方向指牌号等，有时在一个景观标志构筑上至少要几个指示标志，这要根据指示内容组织最具直接感观刺激的颜色和构成造型来完成。综上所述，景观标识的符号意义在于表述指引它所要表达的特殊事物的特征，是特定事物特性的物化，有极强的符号特性，而这种符号特性也就是空间导向和空间识别的本质。景观标志设计正是要根据公共空间不同，使城市空间环境中的人在欣赏理解标识构筑符号同时，得到正确指导自身行为的第--信息，从而起到规范引导方向行为的作用。

牌坊

牌坊

视觉设计在环境中所承载的物质和人文作用

视觉设计环境空间的基本要素

何为视觉与环境空间的基本要素呢？就是环境视觉要适合所处的环境空间、所处的时代和适合公众的需求。

凯旋门

所谓环境视觉要适合所处的环境空间,便是让创造出的环境视觉形态能够搭配并适合存在于所处的环境空间之中。许多景观的建造或是塑造,或是一些公共环境中的环境视觉等,有很多并没有经过筛选或过滤即已成形,不考虑所处环境的因素,自然不能得到好的整体效果。环境视觉注重空间环境的适应性,向多种类与各种形式中的渗透越来越强,不同门类的界线也越来越模糊。例如,特定空间环境要求材料是金属的,同时要求具有强烈的视觉效果,这样运用装置处理的形式也许更能发挥材质的优势。环境视觉概念是没有限定意义的,之所以向多种材料渗透,是因为不同的材料具有不同的"美"感,这对于增强环境视觉的适应性和丰富艺术语言起着决定性的作用,同时使环境视觉也更具有活力。

环境视觉本身与室内外环境的综合视觉效应和心理效应,是艺术功能和科学功能的相互渗透与融合。环境视觉是存在于特定功能环境空间的艺术,而室内外空间环境是两个不同的空间范畴,室外建筑物的空间是开敞性空间,室外建筑的开敞性是相对于室内空间的围合性而言的。开敞性具有相对的限定性,即环境视觉自身体量与周围环境的空间量之间所形成的关系。设计依附于建筑外部墙面上的室外环境视觉,要使其具有向建筑自身紧缩的特点,而不应有向外部空间扩展的视觉效应,同时应与建筑自身的语言及表现相协调。室外环境视觉在表现手法和形式上不仅要与建筑外观相协调,同时要起到丰富活跃空间环境气氛的作用,在视觉和心理效应上达到建筑与环境视觉内在本质的渗透与融合。室外环境视觉在适应建筑外部空间特性的同时,还根据建筑功能和空间环境的需求,在视觉和心理上形成强化或减弱作用,并参与总体空间环境的建设。

九龙壁

相对于室外环境而言,室内环境是围合性空间。室内空间是根据人的需要来创造内部围合起来的容积体。室内环境由于受使用功能的限制,划分为主次空间。室内环境视觉在特定的室内空间环境中,对空间环境的作用强于室外,可根据特定需要对室内环境视觉辅之以光照,相比室外环境视觉更方便。因此,不同功能的室内环境视觉设计有其相对的独立性及表现特性。

牌坊

此外,还可以利用环境视觉在视觉与心理上产生的效应,达到使环境空间扩展或紧缩的效果。不论室外还是室内环境视觉，在视觉与心理上都受制于不同空间环境和使用功能。同时，其自身也以不同的形式参与了空间环境的再创造。随着科学技术的不断发展，新的材料和新的建筑与环境层出不穷，设计师只有永远保持清新的头脑，不断学习，不断创新，多方面培养自己的学识、经验，提高对历史与现代文化的综合修养，注重环境意识思维，才能创作出更好的环境视觉设计作品。

故宫的门

环境视觉要适合所处的时代环境，即环境视觉适合所处时期的审美特征，同时在空间配合时间的情况下形成一个完整的空间度，而且，这种空间度必须适合于时代，因为有很多环境视觉的出现实在会令人有时空混淆的错觉，如某些造型元素明明存在于唐宋年间，却将其一成不变地移植到现代来。每个时代各有其不同的美学或不同时空背景，历史因素虽然会产生特殊造型，但这些造型或是美学观念，即使是经由创造而得出的结果，也必须能符合这个时代，有些观点宣称这种环境视觉是使用后现代的手法，运用古典元素，做出某种程度的结合。但事实上，将不同的元素结合，要求环境视觉设计者本身具有深厚的学术根基，或是在具有清楚的设计概念的状况下方能使用。否则，这种结合不同元素的创作手法，就会变成一种简单的拼凑手法，当然不可能创作出适合时代审美要求的作品。

雅典卫城

环境视觉要适合公众的需求，是指特别为公众设计适当的环境视觉作品。事实上环境视觉从一定意义上讲是一种公众化的艺术，公众必定有其基本之要求。由于公众来自社会的不同阶层，因此他们的美感度就不尽相同，而这种综合美学的探讨应和每个人本身有关系，和学历并无直接关系。例如有些居住在欧洲的居民，他们的教育程度也许仅到高中程度，但他们的美学、美感却是来自于生活，而不见得是来自于教育程度。来自于生活，即是从小就有如此的接触和培养，而如此的训练，也成为他生活中的一部分。放眼所及看到的都是些美的事物，长时期的耳濡目染，自然培养出对“美”的事物的追求。面对我们的生活环境，随着社会的发展，公众的文化修养也在不断地提高，对美的事物的需求也越来越多。因而，环境视觉的设计要适合公众的审美和需求，为公众的生活创造良好的环境，以满足公众的需求。

环境标识设计

环境视觉作为社会文化活动的桥梁

环境视觉作为置身于城市公共环境中的作品，应该具有与公众产生交流的性质，它不能是完全独立的作品，要注重公众对作品的参与性、可及性等。而城市的环境视觉普遍缺少与人们的交流性、可及性，这是一个历史问题。环境视觉艺术进入现代主义后，环境视觉强调个性，自律自足，无需与大众交流，更不用说让公众参与其中，忽视了大众在艺术本质中的主体地位。当今的城市环境视觉已经逐步摆脱了原先的弱点和不足，环境视觉正逐渐拉近艺术和大众之间的距离。

环境视觉设计关注人性，让人们的行为在不经意的状态下，成为艺术的一部分。它充分考虑到公众的心理行为，它不是以传统的静态形式，而是以让公众参与其中、让公众参与到作品中去，并使公众的反应行为和肢体语言成为作品的一部分，以这样一种具有互动性的形式向人们传达某些信息。当这些作品充分考虑到公众的心理和行为之后，公众将会自然地感受到作品所散发的亲切感，也会更积极主动地参与到作品中去。这些环境视觉设计不是靠正面言辞的说教，而是希望能给人们心灵深处带来一丝感动、触动，使人们生活在充满艺术氛围的环境中。相比较之下，它将更具说服力。它不是树立一个宏伟而空洞的形象，而是从一个主题入手，或仅让人们利用自己的感观去感受和体会生活中小小的一个细节，让人们在精神上得到一点点的解脱或放松。马蒂斯曾说过："我所梦想的是一种平衡、纯洁、宁静，不含有使人不安或沮丧的题材的艺术。对于一切脑力工作者，无论是商人或作家，它好像一种抚慰，像一种镇定剂，或者像一把舒适的安乐椅，可以消除他的疲劳。"这样的作品也许没有激进的先锋作用，也不那么深奥，但却让人感到精神上的轻松，体验到一种愉悦感。

公共环境导向设计

公众在环境视觉设计作品所营造的空间环境中，由被动地接受转换为主动地参与，它给予了环境一种活力，使周围静止的空间活跃起来，给公众提供了一个与作品交流感悟的场所。在环境视觉与公众之间的对话，注重作品与公众的互动关系，是环境视觉创作中的一个重要环节。在公共环境中，人从被动接受转换到主动参与，人的因素是环境视觉创作中不可忽视的关键，无论是尺度还是形式上，都要特别注重与公众之间的关系。例如，在自然景区，要设置一些形式感强、高品质的设计作品，以陶冶人们的性情；在密集的商业区设置现代感强、开放性的视觉环境，使得公众有一种休闲放松的感觉；在儿童游乐区域中，就要设置一些色彩鲜明、简单易懂的作品。因而，在公共环境中，环境视觉要给予环境以活力，与公众之间产生心灵的对话，它的公众性是创作中重要的因素。环境艺术诸要素应符合不同区域、民族的审美要求，在首先要满足人们物质实用要求的同时也满足审美观赏要求。

环境视觉设计的多元化发展

现代环境虽然形态各异，但是国际化显然是其共同的特征；公共环境标志作为现代环境的有机组成部分，受国际化思潮的影响也非常明显。建筑作为环境的主体，在国际化思潮的影响下，发展方向越来越趋于相同；单纯从建筑形态上已经分辨不出城市特征，城市在这个时代正逐步变为地球村的一部分。

课程习作/徐浩

商业环境标识

F
YOUR OASIS IN LIFE
FRAMES

自然的追求

现代公共环境标志的风格呈多元化发展。随着信息时代的来临和多元文化的冲击，公共环境标志不仅具有鲜明的识别性，而且更富有情趣，充满奇思妙想，富有强烈的主观性和视觉冲击力。设计师希望能找到一种更轻松、更富个性的方式，使人们更容易接受公共环境标志的内容。

自然风格是现代公共环境标志风格的一个具体体现。计算机技术在设计中的大量应用，促进了设计观念的进一步解放和表现技术的优化。然而人的思想、意识却日益朝着随意、自然、回归的方向发展。在欧美发达国家近10年来的标志设计中，大量运用了中世纪版画和自然形态手法。这种自然、回归的趋向，正是人们在现代工业文明中向自然和历史寻求精神慰藉的反映，而这也为公共环境标志设计注入了新的活力。

室外环境视觉

Rautatientori
Järnvägstorget
Hissi metroon
Hiss till metron
AE 01
AE 02
Asiaton oleskelu kielletty
Hissi Ulos
Hiss Ut

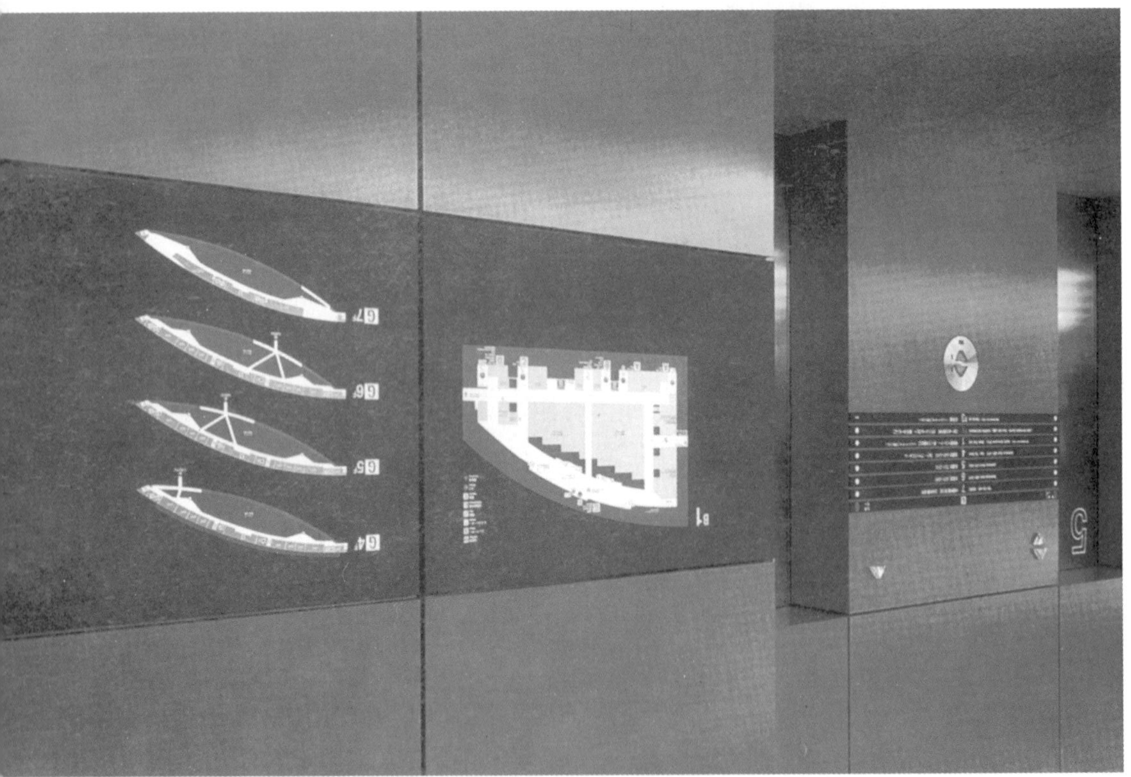

公共环境空间中的标识

室外环境视觉

简约的设计

简洁性原则：环境视觉设计多以文字和图形的组合形式来取得视觉传达效应。因此，其造型特征应形象鲜明，具有强烈的视觉冲击力和凝聚力。从视觉传达的有效性来看，设计中所采用的形象元素应是经过对所显示内容的高度概括和抽象处理而形成的图形或符号。也就是说，应使图形、符号与标志客体间有相似的特征，便于理解或辨认。辨认图形和符号的速度和准确性与图形和符号的特征数量有关，并不是符号的形状越简单越易辨认。

因此，为了提高图形和符号的辨认速度和准确性，应注意设计的图形和符号要反映出客体的特征，并用高度概括、简

日本东京平和森林公园环境标志

Marché aux Fleurs
Place Louis Lépine
Crypte Archéologique
du parvis Notre Dame
Musée de N.D.de Paris
10, rue du Cloître Notre Dame
Toilettes

具有雕塑感的环境标识

练、生动的形象表现出基本特征，才能适于观者辨认。

个性化的设计

独特性原则：环境视觉设计应有特色、有个性，这是判断其形式造形优劣的重要因素。一般化和雷同的设计使人记忆混杂模糊，从而失去作用。而新颖奇特、与众不同并有利于刺激人知觉的图形和符号，往往能提高观者的反应速度，减少知觉的时间，加强对符号的记忆。环境视觉设计中，可运用比喻、象征、寓意等手法，使图形更具内涵，强化形象对人的知觉感染力和理性接受能力。设计的独特性对于注重表征性、诉求性的商业环境视觉和注重形象性、象征性的景观环境视觉的设计尤为重要。

商业空间环境标志设计

室外雕塑形态的标识

平和の森公園・平和島公園
総合案内サイン
虫がいるのは
なぜだろう
pico gram
age
PERM ¥9,000~
CUT ¥4,200
HAIR
COLOR ¥4,800~
tel 662-3777
DaB
7

结合建筑的环境标识

IMAI

ank
Hair International
ADESSO

青龍門

緑苑
高級中国茶
MASA
夜の市
お持ち帰り
立ち呑み

PARK

课程习作 / 王珊

课程习作/田然

课程习作/饶静（左上） 课程习作/柳执一（右上）
课程习作/卜治寒（左下） 课程习作/沈雅筠（右下）

课程习作/王珊（上、下）

环境视觉设计的形式

比例（与建筑的关系）

比例是各种视觉元素之间的综合关系。环境视觉处于一定环境之中，由各种材料组成，在设计时除了要考虑长度、面积的比例之外，还要注意形体、材料、肌理、色彩上的比例关系以及空间大小、所处位置、设计理念、形式风格等，综合考虑各种因素，营造舒适的形态。在具体设计中，要细心地进行细微调整，这种细微的调整虽然不易察觉，却对设计的最终效果有着重要的影响。

环境视觉既要做到外部比例和谐统一，又要做到内部比例协调一致。外部比例是指环境视觉与整体环境之间的比例关系，包括与建筑、景观构筑物、铺地、草坪、树木等具体环境元素之间的比例。内部比例是指环境视觉内部各部分之间的比例关系，具体包括整体和局部、局部和局部之间的比例。

环境视觉的比例要具有时代性。比例和一定历史时期的文化程度、思想意识、审美取向、技术条件是分不开的。人类的历史上，比例一直是视觉美学的重要内容。传统设计中，黄金比例是一种常用的比例。黄金比例可以产生视觉均衡性和古典美，中国古代对于比例的研究也取得了很高的成就。我国古代的秦砖、汉瓦，建筑的开间和进深以及建筑立面的比例关系也近似于黄金比例。在现代设计中，黄金比例仍然是各种比例设计的基准。在实际设计中，往往采用黄金比例的近似值，除了黄金比例外，夸张和特异的比例也经常出现在环境视觉设计中。总结比例设计的通用法则，就是要尽可能找到各个元素的相互关系，然后为它们量身制作比例标准。

比例是形式美的法则之一，是指造型中整体与局部或局部与局部之间的大小关系。在立体构成中，比例实质上是对象形式与人的心理经验之间的一种契合。当一种艺术形式因内部的某种数理关系，与人长期在实践中接触这些数理关系而形成的舒适，愉快的心理经验相契合时，这种形式就可以被称为符合比例的形式。

建筑物环境识别／美国纽约

日本大阪贝纳通建筑环境视觉设计(左上)

美国西雅图文化中心环境视觉设计(左下)

环境视觉设计 / 日本东京(右下)

美国纽约植物园建筑环境标识(右页)

建筑环境标志／日本东京银座
美国华特迪士尼发明乐园建筑环境识别
公共环境标志／日本北海道

建筑标志
日本东京多摩（左上）

公共环境标志
日本东京（右中）

建筑环境标志
日本宫城（左下）

建筑环境标志
日本名古屋
三菱信托银行（右下）

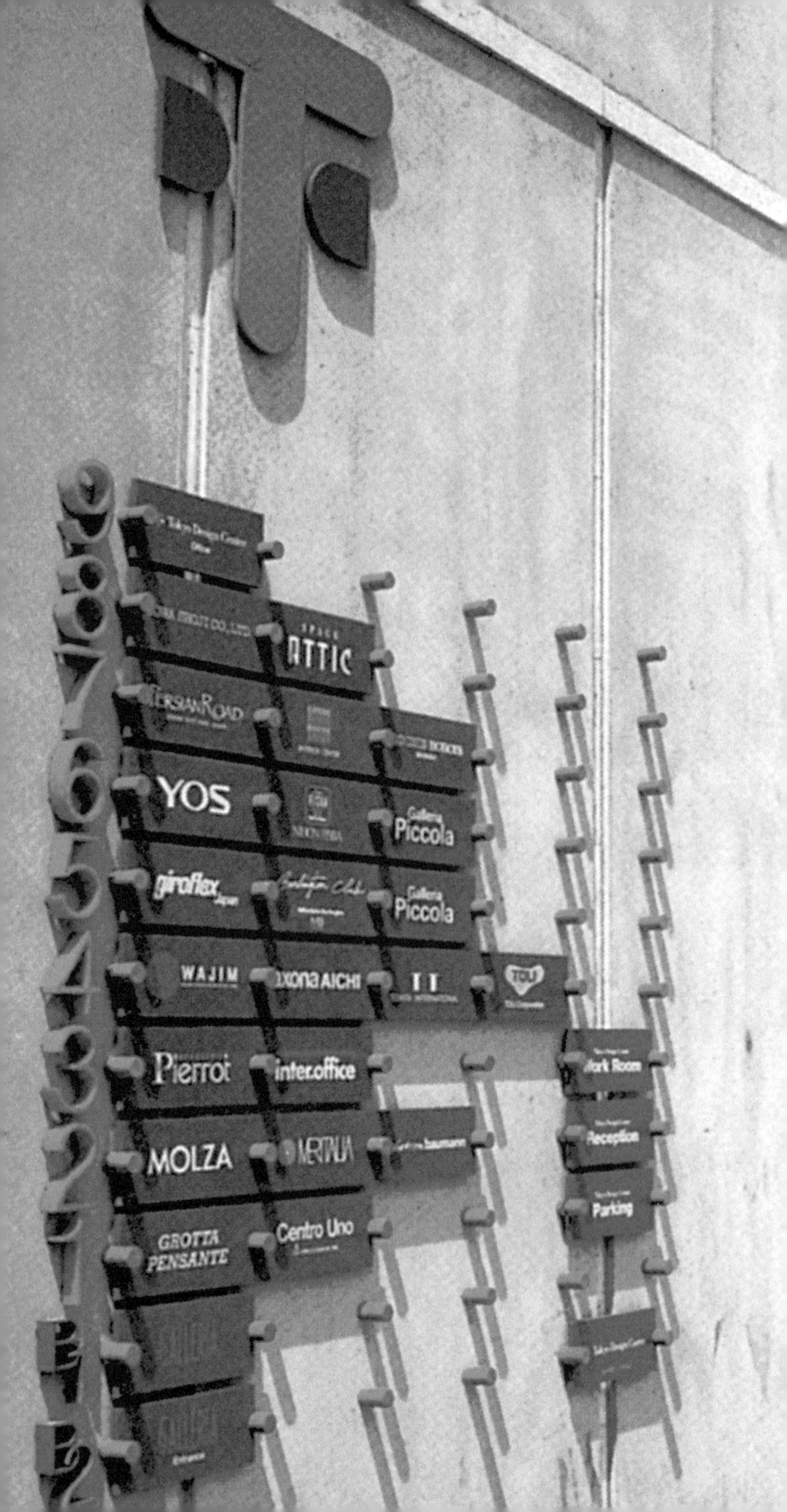

ATTIC
YOS
Galleria
Piccola
giroflex
Japan
Galleria
Piccola
WAJIMA
Ixona AICHI
Pierrot
inter.office
Work Room
MOLZA
Reception
Parking
GROTTA
PENSANTE
Centro Uno

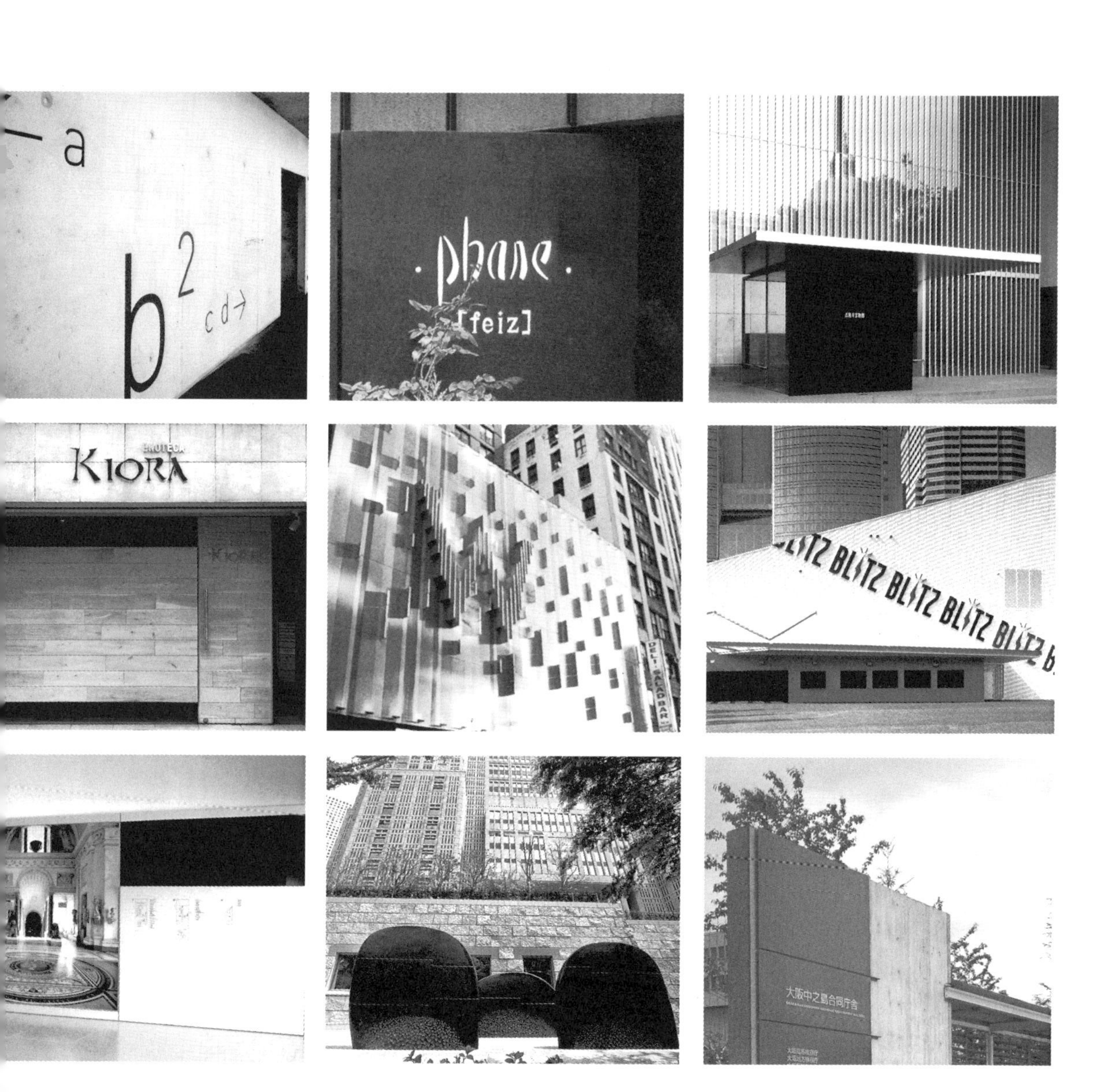
a
b
2
cd→
phane
[feiz]
ENOTECA
KIORA
BLITZ BLITZ BLITZ
DELI SALAD BAR
大阪中之島合同庁舎

SHINKAICHI

形状（形式美分析）

物象外观形式的美，包括外形式（形体、色彩、材质）与内形式（运用这些外形式元素按一定规律组合起来，以完美表现内容的结构等）。外形式与内形式被人通过感官感知，给人以美感，引起人的想像和一定感情活动时，这种形式美就成为人的审美对象。

物象的形式多种多样，表面上看不出社会内容，但实际上是在人的实践活动中积淀了丰富的社会生活内容的。人在长期社会劳动实践和审美实践中，按美的规律塑造事物外形，逐步发现一些形式美法则。

简练与单纯性

艺术领域内的节省律，要求艺术设计所使用的形态与材料不能超出要达到一个特定目的所应该需要的量，只有这个定义上的节省律，才能创造出审美效果。

单纯化指的是以尽量小的代价换取尽可能大的心理效果和物理效果。构造简单、材料少的形态有利于识别，而容易识别的信息则更容易记忆，对于较复杂的形态则可以秩序化使其简化，以便于记忆。

平衡

对任何一种艺术形式来说，平衡都是极其重要的，就如一座建筑物，只有平衡时才会给人坚固、安全、可靠的感觉。不管是物理平衡还是知觉平衡，其本质都是指物体各部分都达到了在停顿状态下所构成的一种分布情况。在一件平衡的构成中，形象、方向、位置诸因素都给人一种稳定和谐的感觉，因而其结构就具有一种确定和不可变更的特性，而能将所要表达的含义清晰地呈现在观察者眼中。

环境标志设计

对比

对比是创造艺术美的重要手段，对比指的是，使具有明显差异、矛盾和对立的双方，在一定条件下，共同处于同一个完整的统一体中，形成相辅相成的呼应关系。

街区环境视觉/日本神户（左页）

还击标志／日本东京(左上)
美国肯塔基新港雕塑标志(右上)
环境视觉设计／美国旧金山(左下)
环境标志／日本兵库(右下)

节奏

节奏是艺术作品的重要表现力之一，它的基本特征是能在艺术中表现，传达人的心理情感，人能通过优美的节奏感到和谐美。

韵律

韵律是表现表达动态感觉的造型方法之一，在同一要素反复出现时，会形成运动的感觉，使画面充满生机。

意境

艺术意境是指艺术家熔铸在具体艺术作品中的有深刻意味的丰富的心灵、情思和境界，这些不仅刺激听觉或视觉，更能直接打动鉴赏者的心灵。任何一种艺术形式，其最终目的都是通过各种表现形式来表达某种意境，也就是将作者的思想感情赋予艺术品，让观者通过视知觉感受到作品所要表达的含义。

环境视觉设计 / 美国旧金山(左上)
美国亚特兰大比诺法游园会环境视觉设计(右中)
日本清里森林中心地区环境视觉(下)

Jam Jam Drag on the Market
MUTEKIRO

Fiesta
TEXAS
SAN ANTONIO

具有雕塑

日本におけるイタリア
2001
ITALIA IN GIAPPONE
Italia
LEO
NAR
DO
ICE
Istituto nazionale per il Commercio Estero
75
le ragioni del fare
作る理由
SALONE DELLA TECNOLOGIA ITALIANA
Tokyo

体积（有雕塑感的形态）

实际上，任何形态都是一个“体”。体在造型学上有三个基本形：球体、立方体和圆锥体。而根据构成的形态区分，又可分为：半立体、点立体、线立体、面立体和块立体等几个主要类型。半立体是以平面为基础，将其部分空间立体化，如浮雕；点立体即是以点的形态产生空间视觉凝聚力的形体，如灯泡、气球、珠子等；线立体是以线的形态，产生空间长度感的形体，如铁丝、竹签等；面立体是以平面形态在空间构成产生的形体，如镜子、书等；块立体是以三维度的有重量、体积的形态在空间构成完全封闭的立体，如石块、建筑物等。半立体具有凹凸层次感和各种变化的光影效果；点立体具有玲珑活泼、凝聚视觉的效果；线立体具有穿透性、富有深度的效果，通过直线、曲线以及线的软硬可产生刚强、柔和、纤弱等不同的效果；面立体有分离空间，产生或虚或实、或开或闭的效果；块立体则有厚实、浑重的效果。在环境视觉设计中，根据需要，恰当运用各种立体，创造有雕塑感的形态，能使作品的表现力大大增强。

环境视觉设计／日本东京（左页）

LA
SCALA
MEMBERS

美国世界杯环境标志（上）
日本南多摩儿童公园环境视觉设计（中）
日本千岁市麒麟啤酒厂环境视觉设计（下）

环境雕塑／日本东京（左上）　日本崎玉街道环境视觉设计（右上）
日本福冈宫原医院环境标志（左中）　环境雕塑／日本茨城（右中）
Kani 公共艺术中心环境视觉（左下）

日本南多摩儿童公园环境视觉设计（左下）

JEKYLL AND HY
HYD
Club

材料（材质感的体现）

艺术作品在不同材料的作用下体现出各个时代的文明程度和发展规律过程。从远古时期的石器开始，人类经历了陶器、青铜器、铁器、漆器、瓷器、丝绸、金银器等等许多以材料为依托的文明进程。像彩陶，它不仅极大便利了人类的物质生活，而且也为其他精神生活创造了宝贵财富；漆器工艺精美绝伦；青铜器凝重；造纸术的发明其影响深远等等，这些都可以说是中国文化的重要组成部分。在早期时的西方国家，天然的石材成为艺术家们取之不尽的原材料。现代文明中的玻璃、钢铁、塑料、橡胶、纤维、纸张等等新材料的广泛运用，构成了一种时代文化的象征。因此，材料的被认识和被利用是人类设计史上极其有意义的事情。

材料在现代艺术和设计中的应用更加广泛，“材料”被艺术家当作最为直接的表现思想与观念的媒介使它具有全新和独立的价值，它揭示出“材料”在未来艺术发展过程中将成为不可或缺的重要角色。材料是自然物通过人类的发现和利用，而成为设计制作物体的基础。例如：一棵树，是原生状态的自然物，但是人们将树砍伐后准备做成一件木器时，就成为了一种设计活动的材料。作为原生状态永远是树，而成为木器的材料，就有可能制作出一件重要的家具或艺术品，有了全新的材料意义。可以说，材料的出现来自于人们对原生的“物”的发现和利用。现如今，什么算材料？怎样发现材料？怎样运用材料去表现主题等一系列问题都需要我们认真考虑。材料是存在于我们周围的一切事物。具体地说，它可以是有形的（可视可触），也可以是无形的（可闻可嗅），甚至我们的思想和观念都可以被视为艺术表达的媒介——材料。同时，“材料”概念的内涵又随着人类文明发展而不断扩展与延伸。

材料有其双重性。一方面，从材料的本身面貌考虑，有其物理性能和化学性能。材料的可视性和可触感都属于材料物理性和化学性，并分别形成了材料的抽象的视觉要素与触觉要素。而材料的视觉要素是指材料的色彩、形状、肌理、透明、莹润等；材料的触觉要素是指材质的硬、软、干湿、粗糙、细腻、冷暖感等。材料的视觉要素与触觉要素是材料的外在要素。另一方面，材料内部充满了张力，这种隐藏的内在张力，形成了一种重要的心理要素。虽然材料的肌理感是属于它的物理性能，但是由于肌理有不

咖啡馆环境视觉设计/美国纽约（左页）

美国休斯敦公园座椅设计

同的表里特征，所以材质与肌理还具备：生命与无生命、新颖与古老、舒畅与恶心、轻快与笨重、鲜活与老化、冷硬与松软等不同的心理效果。任何材料都充满了灵性，任何材料都在静默中表达自己。

美国圣路易斯环境标志 / 停车（中）

导向标志／日本东京新桥（左上）
美国西雅图文化中心环境视觉设计（左下）

うどん
GREEN TEA
Las Tres Ramas
LAS TRES RAMAS
Bajamar

雕塑形态的商业空间环境视觉

雕塑形态的商业空间环境视觉

のらや
手打
草部うどん のらや
営業中

构成（视觉结构表达）

构成形态的环境视觉设计，首先要懂得对形体的分类，研究各形体的表现特征和意念，如果不找出这种形体，就谈不上能运用这种形体，很多形体是在分解、组合后形成的再生形体，它是形体构成的原理和规律。

一般形体可归纳为三大类：圆形体、方形体、方圆形组合体。再由这三大类形体派生出若干个体面元素，立体形态中的几何元素只有真实的体和面的关系，没有虚幻的不含体的形。比如“点”，在平面构成中可以存在一个平面的方点或圆点，而在立体构成中，“点”就是一个大或小的形体单位，要么是小球体，要么是小方体；线的概念也是一样，从理论上讲，“线”是由“点”组成，而在立体构成中，线就是方形体的延长或是管形体的延长，没有虚幻的线存在。面与体的关系也是根据比例关系判定的。面积很大，厚度很薄，我们可看作是某一形面或壳面，宽和厚的比差较小，那就是形体。只有弄清了“点、线、面、体”的概念之后，对形体分类的各种关系才不易混淆。

强调视觉结构表达的环境视觉作品，它有独特的、奇妙的构成形式美和赋予联想的哲理内涵；它有现代环境为依托，而能迅速发展和生存；它有现代高新科学技术，以多种材料为条件，易于加工制作；它有现代文化意识的观众，正以趋向非常简洁、明快、单纯的物象来满足他们的环境和心理；它有规范性、秩序性、均衡性的构成方式；它有单纯性、抽象性、多变性的几何形体构成单体形、组合形、复合形的虚、实、动、静形态；它有变化斑斓的色彩、光影、肌理作为形体表面的视觉效果，更有寓意广际的意念性、逻辑性、哲理性、象征性的艺术语言来启发读者观众的审美意识和思维能力。因此，抽象雕塑的美学概念既包含着传统审美观念的精髓，也有超时空的意识形态美学特征。

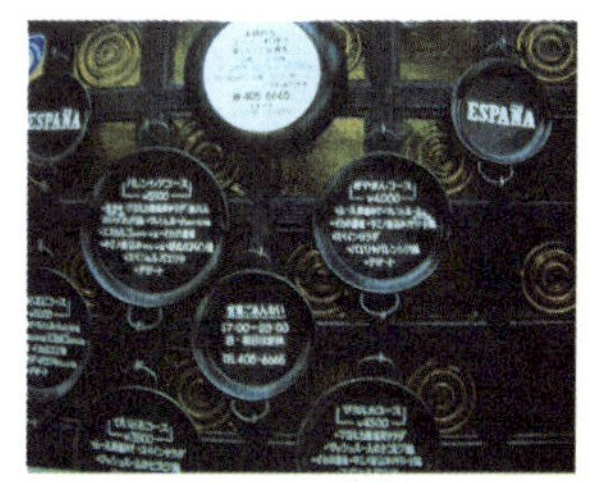

雕塑形态环境标识

筑物环境识别／法国巴黎（上）
志设计／美国纽约（下）

美国亚特兰大奥运会环境视觉设计（左上） 公共环境标志／日本千叶（右上）
公共环境标志／日本千叶（左中）
环境导向标志／日本东京（左下） 建筑环境标志／日本东京/太子堂（右下）

室内公共空间标志／日本奈良(上)
环境导向标志／德国萨克森安哈特(下)

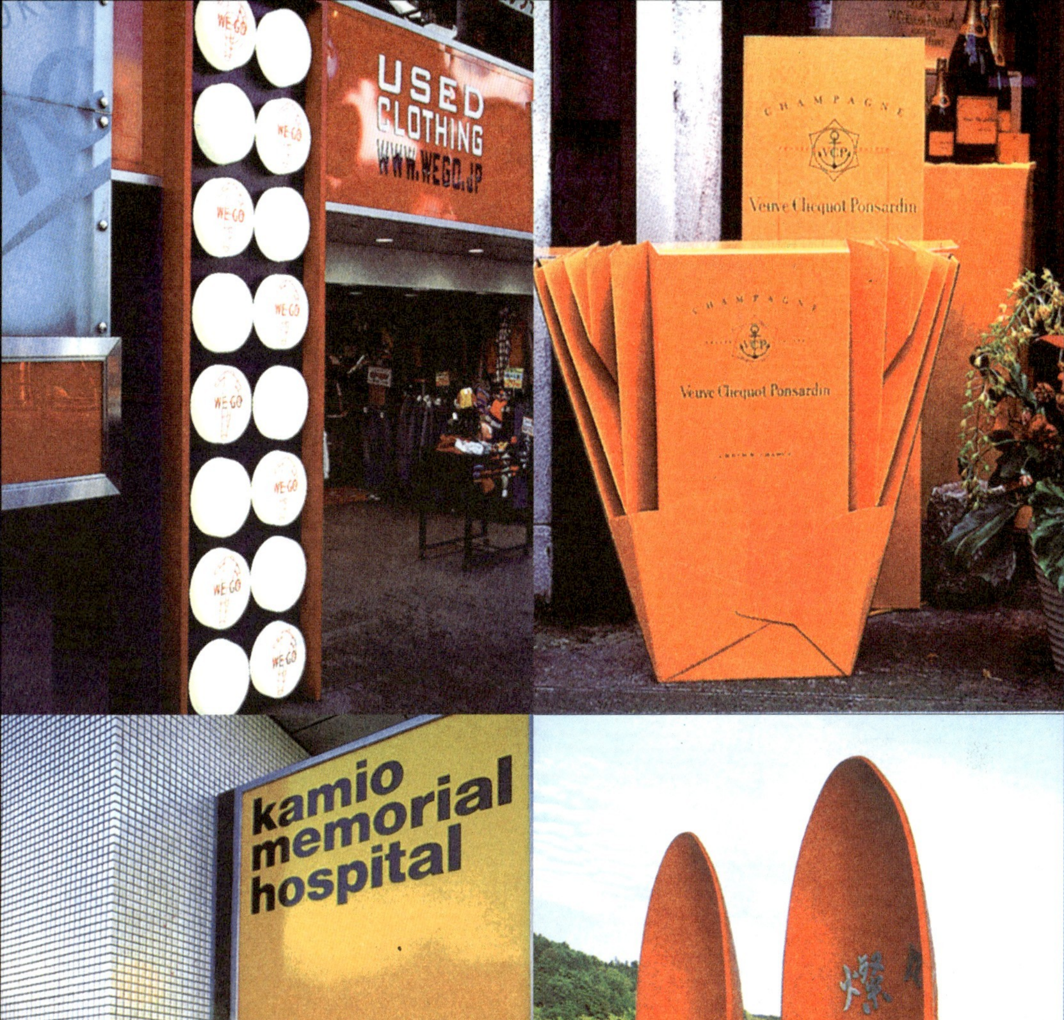

日本东京神尾纪念医院环境标

公共环境标志／日本群马

RESTAURANT
S2
DEUX

建筑环境标志／法国巴黎（左上）
店面环境视觉／美国纽约（右下）

Animal Lifestyles
Domesticated Animals
Discovery Trail
World of Animals
Animals in Our Lives
Sea Lion Pool
Staff Offices
Cafe
Education Center
Flatbush Avenue Gate
B41
Grand Army Plaza →

环境视觉设计的表现类别与方法

环境空间的视觉导向

作为环境空间的视觉导向，必然要涉及到城市CI的设计。城市CI是将CI的一整套方法与理论嫁接于城市规划与设计中，全称为城市形象识别系统。近十年来我国在实施城市现代化的更新与改造中有相当力度的投入，很多城市均在创造有特色的城市面貌方面作出过探索与努力。城市CI即要用图式的语汇来表述，然后在城市设计中针对各种景观构成要素进行统筹安排。这里所说的图式语汇我们称为城市视觉识别系统。城市视觉识别系统是一个城市静态的识别符号，是城市形象设计的外在硬件部分，也是城市形象设计最外露的、最直观的表现，它源于城市又作用于城市。这种有组织的、系统化的视觉方案是城市的精神文明与物质文明的高度概括。通过城市CI的研究，突出城市独特的社会文化环境，提高知名度，从而为经济的发展提供良好的外部环境。可以说，完整提升城市形象将创造城市的发展优势，并利于城市现代化、国际化的进程。

环境标识设计

环境空间导向按照性质分为公共导向和商业导向两类。公共导向是指一些公共场所的导向设施，比如邮局、公园、机场、火车站、地铁、马路等区域的导向标志。商业导向则被用在一些企业和商业环境中，用来达到企业赢利的目的。

除此以外，根据地点、交通地点，可分为机场、铁路、地铁、公共汽车站、步行街等；包括还有一些特殊的分类方式。

城市中的大部分导向指示牌是针对车辆设计的，随着城市旅游业发展和环境整治，针对行人的导向指示牌也是城市生活中重要的环节。公共汽车站就好比是一个城市的家具，它们不仅体现了城市的面貌，更重要的是为人们提供了公交线路的相关信息。因此，车站导向牌的图形以及高低和位置都需要经过设计，同时站牌的导向信息也要求跨越国界，做到能瞬间识别。错综复杂的地铁线是大城市的一个特征，其导向设计的重点是标明这些纵横交错的地铁线路的站点和方向，因此颜色识别的方法是最直观有效的。包括地铁入口处导向牌设计、地下等候空间的布局策划，都要求具有十分明确的导向功能。

美国布鲁克林动物园导向标志(左页)

城市中地图样式的导向设计，提供了导向牌周边道路更为完整的信息，直观地描述了一些特殊的交通线路。

此外，还包括了动态导向设计，它的优势在于视觉识别力强，容易引起人们的注意，现在有很多地方也使用这样的动态方式。同时，动态导向设计在商业导向上也具有一定的价值和地位，经常有人用“霓虹闪烁”来形容城市的夜晚，霓虹灯之所以如此受欢迎，也是因为其动态的效果十分吸引人的注意力，又极富动感，以此来达到商业宣传的目的。

日本科学未来馆识别系统（左上） 日本清里森林中心地区环境视觉（右上）
导向标志／英国布里斯托尔（左中） 环境标志设计／日本佐贺（右中）
日本海中道国家海滨公园环境标志（左下） 日本东京平和森林公园环境标志（右下）

海の中道海浜公園

环境标识设计

大阪城ホール
OSAKAJO HALL
本町通
HOMMACHI-DORI
中央大通
大阪城
OSAKA CASTLE
大阪城ホール
OSAKAJO HALL

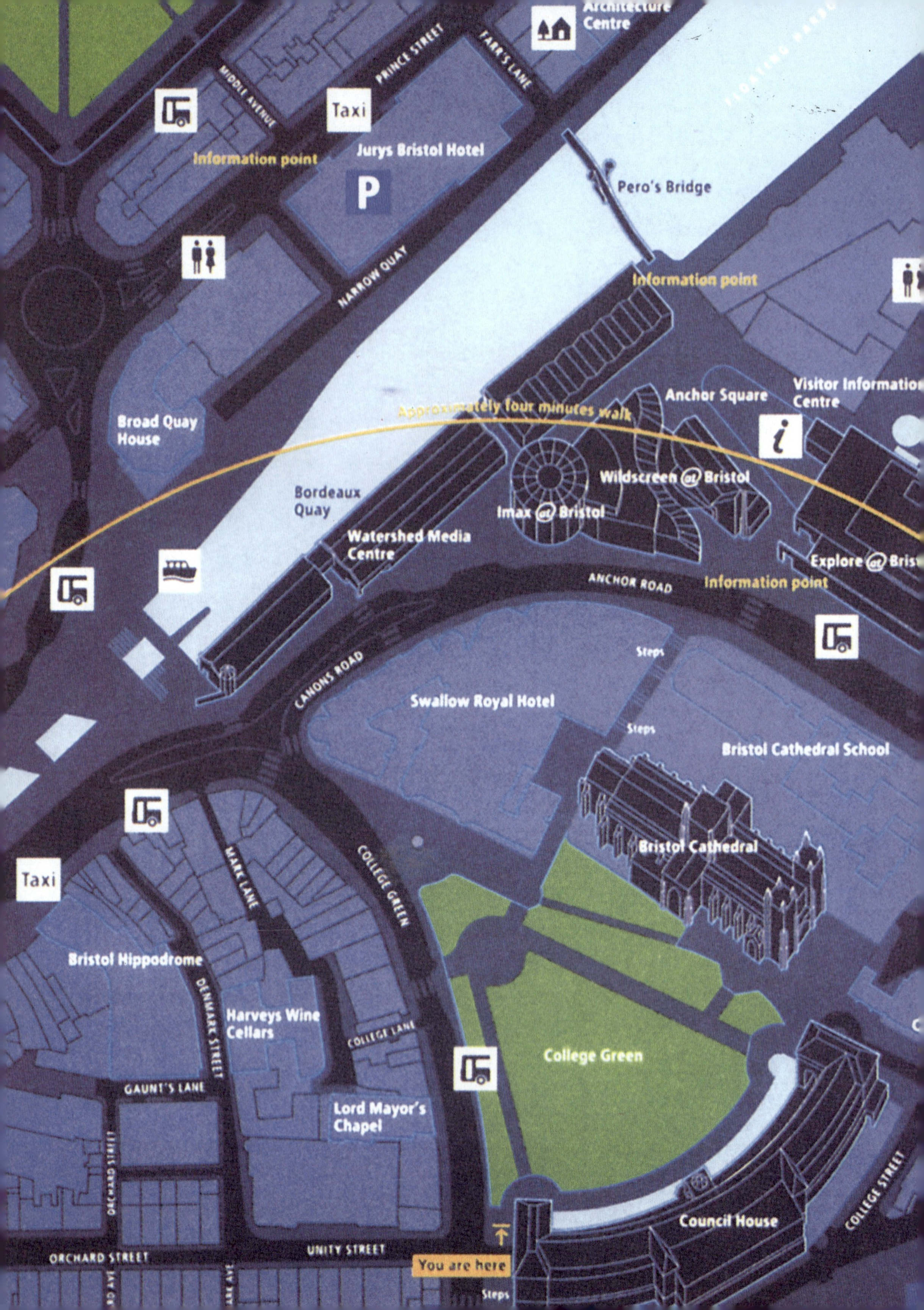

Architecture Centre
FLOATING HARBOUR
PRINCE STREET
FARR'S LANE
MIDDLE AVENUE
Taxi
Information point
Jurys Bristol Hotel
P
Pero's Bridge
NARROW QUAY
Information point
Anchor Square
Visitor Information Centre
Approximately four minutes walk
Broad Quay House
Wildscreen @ Bristol
Bordeaux Quay
Imax @ Bristol
Watershed Media Centre
Explore @ Bristol
ANCHOR ROAD
Information point
Steps
CANONS ROAD
Swallow Royal Hotel
Steps
Bristol Cathedral School
Bristol Cathedral
Taxi
MARK LANE
COLLEGE GREEN
Bristol Hippodrome
DENMARK STREET
Harveys Wine Cellars
COLLEGE LANE
College Green
GAUNT'S LANE
Lord Mayor's Chapel
ORCHARD STREET
COLLEGE STREET
Council House
ORCHARD STREET
UNITY STREET
You are here
Steps

东京国立近代美术馆环境视觉(左上)　导向标志／日本佐贺(中上)　导向标志／日本福冈(右上)
公共环境导向识别／日本东京品川(左中)　日本大阪环境导向设计(右中)
导向标志／日本佐贺多久市(左下)　日本科学未来馆识别系统(中下)　导向标志／日本静冈(右下)

Billingsgate
Market
London
Docklands
Development
Corporation
Thames Mirror
C.A.D.
C.L.U.
Mouse Microprocessors

环境信息的视觉导向

环境信息包括同环境景观结合的标志、路标、标牌等。这类标志物的设计应该具有形象识别、导向、指引等基本功能，要能够通过它们的形式、色彩、材质、字体、结构方式、版面布局等，反映环境的主体面貌和主要特征。首先，简洁明了、高度概括、可识别性高是对办公环境标志系统的总的要求。其次，朴素大方，不华丽矫饰，不喧宾夺主，标志的形式过于强烈的装饰或装饰题材过于具象或具有确定性，极易导致视觉上的厌烦。相反，简单朴素的标志设计却有可能因内在涉及较少的元素而有较广泛的适用范围，能被更多的人在更长的时间范围内接受。这些标志图形既可以让来访者一目了然，又会使那些每天都使用它们的人不会觉得标志图形陈旧过时。

环境视觉设计的方法

由于空间环境范围的不同，对环境视觉的创作也提出了不同的要求，其创作手法也是多种多样的，在此仅就一些基本的方法作一些探讨，不着手于对环境视觉技法的深入探讨与研究。

在具体的环境视觉创作的过程中可以从以下四个方面着手：讲究自身的形式，注重材料的使用，考虑环境的因素，强调创新的意识。

形式

环境视觉艺术是一种非常讲究的艺术，无论是具象的还是抽象的环境视觉，相比起其他造型艺术更注重形式本身，在某种程度上讲，往往形式美的表现就是它的内容，尤其是那些抽象的装饰性环境视觉作品。

环境视觉艺术是形态优美，美化环境空间的一门艺术，它是富有生命和情感的，造型的形式会像内容一样打动人。而线条、块面、体积则构成了环境视觉艺术最基本的视觉形式语汇。对形式语言的推敲经营并确立其在作品中的独立价值，无论是具象的形式还是抽象的形式，都能促使个人风格的形成。为形式而形式是形式主义，往往导致骄饰与空疏，落于俗套。形式语言来源于生活，设计师不应该摒弃生活，应从生活中发现新的形式语言与形式组合，来丰富自

环境标识设计 / 日本佐贺

己的语汇，这样才能避免形式表达语言的雷同与空洞。

此外，环境视觉作品的成败也不仅仅是形式来源于生活方可解决的。环境视觉艺术之所以具有广泛的艺术实践价值，正是由于它高度概括了生活和自然的美的感受，对不同的设计师来说，潜在的形式语言和表达内容的差别，也必然使其设计作品面貌千差万别。形式感所特有的表现语汇如韵律、节奏、和谐、对比、均齐、对称、渐变、律动、变形、重复等要素都有待设计师去巧妙运用。对这些要素理解运用得如何及环境视觉艺术家自身艺术修养的深度，都将影响到设计作品的成败。视觉形式语言的另一个来源是传统经典作品，从传统经典作品中抽取一些精华，加以重新解构，使其具有现代感。从传统艺术形式的借鉴之中，提炼出对今天民族艺术发展有审美规范意义的认识，把握其特有的文化内涵，掌握它区别于其他民族文化的特质，是环境视觉设计很重要的研究课题。

材料

环境视觉艺术有别于其他造型艺术的特点之一，便是涉猎材料的真实性、广泛性。环境视觉艺术的创作构思与表现，有赖于对物质材料的详尽知解和相应的加工工艺。创作过程也是一个道地的物化过程。环境视觉艺术创作水平的高下，在某种程度上来说，往往取决于创作者对材料的了解程度和对材料控制能力的强弱。创作一件环境视觉设计作品，除了形式上的独特及具体形象的反复推敲之外，还要考虑材料特性，即材质美的体现，这是创作中的一个重要方面。注重材料的自然美在环境视觉艺术创作中的位置，并非是为了表现材料而表现材料的自然主义，其实开发材料的审美性，也是一种艺术创造。

材料本身的审美特征是抽象的，抽象与具象相比更能开拓联想的疆域。材料所具有的形态、质感、色彩等特性，会诱发创作者产生抽象的意念，向创作者暗示着某种意象，或自身就隐伏着构成形象雏形的趋势，可以说已经提供了表现形式的某种范围。随着现代科学技术的飞速发展，以及新材料、新工艺的不断更新，人们的思想意识也在不断变换，而那种还停留在临摹、照搬传统的设计意识，已远远地落后于现代社会的审美需求。人们已形成新的鉴赏标准，改变原有的审美观念和造型观念，以新的态度对待新材料诱发出的新造型。因而，用材料去思维，在环境视觉设计的创作过程中也是必不可少的。

环境

美化生存环境必然少不了环境视觉艺术的创作，环境视觉艺术也离不开生活环境，环境视觉艺术是一种美化生活环境的艺术。环境视觉作品的尺度悬殊，大、中型环境视觉艺术与建筑环境的关系更为密切。而小型环境视觉设计则与架上的雕刻一样，因为它们可以不被圈限在特定的空间形态之中，没有专一的从属对象，所以它们在形式语言上的自由要比大型环境视觉艺术广泛得多。

大、中型环境视觉作品亦可理解为环境视觉艺术对建筑环境的适应性表达，因为建筑环境是环境视觉存在的基础，建筑是受到使用功能限制的。大、中型环境视觉艺术本身不应过分地追求个性，因为大、中型环境视觉艺术的所谓个性要更多地体现在对建筑环境的适应性上。与此同时，当小型环境视觉作品置身于特定的空间环境中时，同样受到空间环境的制约和影响。所以，环境视觉艺术可以说是一种适应环境，美化环境的艺术。在具体的创作表达过程中，环境因素的考虑是必不可少的，从一定意义上来说，它贯穿着整个的设计和创作过程。

创新

艺术的生命贵在创新。环境视觉设计的创新是其发展的必由之路，设计家不但要在形式、材料上进行大胆的探索，更重要的是不断更新设计思维，打破旧的传统方式，结合现代科技工艺，发现和探索各种适合于现代社会的表现形式和艺术手法。所谓“创新”，不仅是外部形式的变化，更主要的是内在因素——思维、意识、格调的更新。从整体来说，我国的环境视觉艺术设计水平与其他一些发达国家相比确有一定的差距，然而只要我们立足于本民族文化特色，放眼世界，创造出具有民族性、国际性的作品，才是环境视觉艺术的创新之路。

The Avenues
SAT. AUG. 24
11 AM 1PM 3PM

Sapporo Media Park
spica
巡礼街道
PILGRIM ROAD
大阪駅
Osaka Sta.
豊中
Toyonaka
十三
Juso
OSAKA CITY
大阪市
天王寺駅
Tennoji Sta.
千舟
Sentai
山之内
Yamanouchi
23
California Sea Lion
レリーフの泉

美国俄州辛辛那提环境标识（左、中）
日本福冈宫原医院环境标识（右）

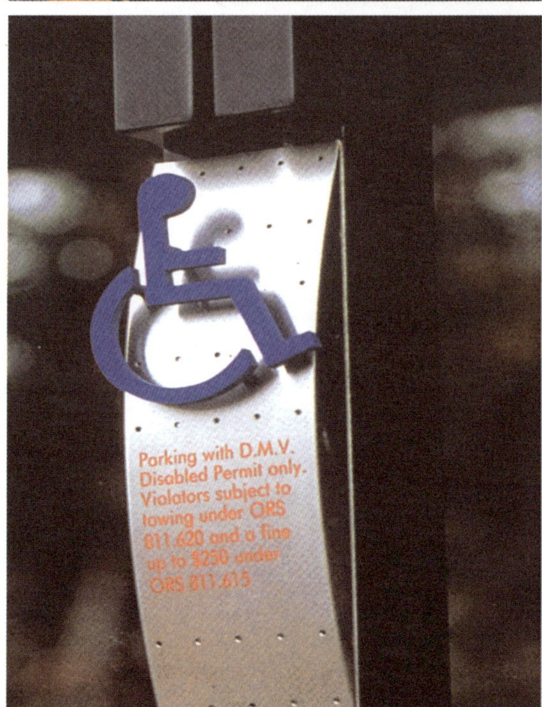

交通标志 / 美国(左上、右上)
导向标志 / 日本福冈/芝浦(右下)

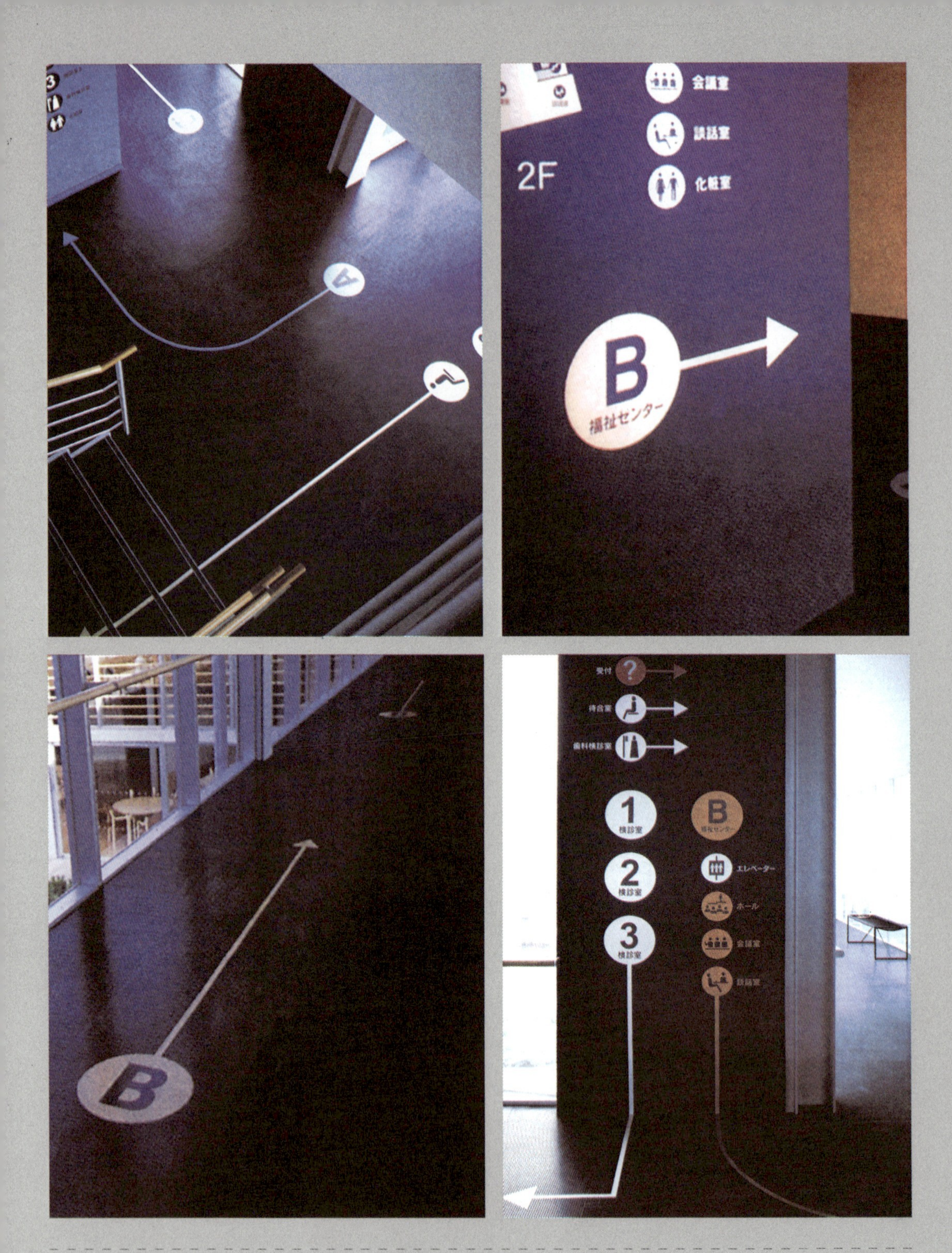

公共健康服务中心环境标志

公共环境导向识别 / 日本东京品川（上）
公共空间环境视觉 / 日本东京（下）

导向标志 / 澳大利亚（左上）　标志 / 日本东京都港湾（右上）
公共空间环境标志 / 日本东京（下）

环境雕刻标志/日本富山（左上、中上） 环境标志设计/日本佐贺（右上）
东京市立艺术博物馆环境视觉设计（左中） 公共环境标志/日本静冈日本（中） 东京法隆寺宝物馆环境标志（右中）
环境标志/日本大阪（左下） 东京国立近代美术馆环境视觉（中下） 环境标志/日本大阪（右下）

街头墙面涂鸦艺术

环境视觉的表达手法

涂鸦

这是一种世界性文化现象，主要涉及文字，间有图画。它出现在名胜之地、一些公共建筑的墙壁上、公共交通的车厢上，近年大有繁荣之势。这些文字和图画，因大多为兴致所至，匆匆草就，七扭八歪，形同涂鸦，故有涂鸦文化之称。

涂鸦文化是一种表现方式，是一种对生活、对人生的看法和观点的反映，更是对身边不平事的控诉，就是一个心灵的窗口。这种文化经过我们这些可以体会到各种韵味的人修饰，更演变成为一种艺术。这种艺术的根本是意识反映事实，只要事件存在这种事实，就会产生心中的意念，这样你的一切就会从你创作涂鸦里表显出来，成为一件艺术品。一样可以反映人类想法的东西的出现，也就是一件最适合人类的艺术品。在字典里的解释是：在共同墙壁上涂写的图画或文字，通常含幽默、讽刺的内容。涂鸦，在不同的地方有不同的内容。如在美国就是政治内容，在欧洲就是整幅图画，在日本通常是一些文字。但现在，也没有很清楚的界限。因为涂鸦文化是人类的文化，既然人类文化四通八达，涂鸦文化也就是世界性的。

墙面涂鸦艺术

ちゃんと。
CHANTO 美食酒家
CHANTO

写实

写实的环境视觉设计就是利用某种适当的材质(符号)来表现、表达某种具体自然社会的标志。这种适当材质符号、造型是源于所要表现的事物里，或是对所要表现的事物的一种“复制”。它的特点是能够让使用者直截了当、一目了然地理解标志的揭示功能作用，或作稍微的思维加工(主要指由标识刺激所产生的视觉思维)，就可以领略到标志意图。在我们现实城市空间环境中这类标志型大量存在。

Monsieur François MITTERRAND
Président de la République
a dévoilé cette oeuvre du sculpteur ARMAN
le 19 août 1994 à l'occasion du 50ème anniversaire
du soulèvement de la Préfecture de Police de Paris
Monsieur Charles PASQUA
étant Ministre d'Etat,
Ministre de l'Intérieur et
de l'Aménagement du Territoire
Monsieur Philippe MESTRE
étant Ministre des Anciens
Combattants et Victimes de Guerre
Monsieur Jacques CHIRAC
étant Maire de Paris
Monsieur Philippe MASSONI
étant Préfet de Police

雕塑形态商业标识

LIQUOR SHOP
FUJIYA
Best Choice
cloth & vintage & shoes
K·G·B
STORE
2nd Floor
Hours
12:00~20:00
Open
Everyday

B1F
出汁がじまんのおでんにて
ゆるりと和んでいきませう

RESIDENCE
GALLERY
MUSEUM
SUBWAY

抽象

抽象形的环境视觉设计是指在保留原始事物的根本特点基础上作一些大胆的简化或夸张，使其具体形象有一定概念化，已经不再是直接简单的模仿，这种抽象性与社会文化和人们的意识行为背景有密切关系，要和受众的审美观与认同范围相对应，无论是具象形、仿真形、抽象形的自然形态标志，都不是对所认识的事物的简单模仿和复制，它要依附和把握好原始事物的内涵、外表特征以及人对它的认知层面，利用新的思维形式创造出形象别致有创意的标志作品，才能被大众所接受，发挥它的自身效能。

街头地面涂鸦 / 法国巴黎

环境视觉设计 / 日本东京(左页)

商业环境视觉设计

FunnySauce Cafe

牛角
炭火焼肉酒家
美味しいお肉と
美味しいお酒を
こころゆくまで
召し上がれ！
炭火で焼肉が食べたい

文字

文字本身是一种抽象的符号、静态的语言，是传递信息的重要载体，是记录语言的符号。更宽泛地讲文字是一种文化的载体，它是通过文字本身的“形”来传递信息。人们通过对“形”的认识来转化形之外的“音”和“意”。我们的语言、思想和智慧，通过文字这一种符号载体记录和传递，丰富和发展了我们的世界，文字功不可没。同时，文字本身精神内容含义以及文字的特殊审美意味，如隶书的布局完满、楷书的刚柔并济、草书的淋漓尽致等等，更极大地丰富了以文字为主的环境视觉设计素材。

商业环境标识

外不出の屋台らーめん
参上
MONGAI FUSUHTSU NO-
YATAIAJI RAMEN
FROM KYOTO

环境视觉设计 / 日本东京(右下)

ら～めん
萬つ屋
MANMARUYA

うどん大使
東京麺通団
新宿校
東京
麺
通
団

よ
THE WARMHEART RAMEN-YATAI
商い中
炭焼
宮崎地鶏
ICCHO
Sumiyaki
Miyazaki-Jidori
Akasaka Tokyo
AOYAMA
NATSUNO
BUILDING
箸

木屋
地鶏 豆富 おでんと
美酒にて 今宵も
ゆるりとどうぞ
などわど

炭焼 豆富 おでん
MAISON des
MUSÉES de
FRANCE

商业标识设计

Disco style
7:00pm～0:00am
Lady ¥2,000
Men ¥2,500
(3drink)
Boys club
0:00am～

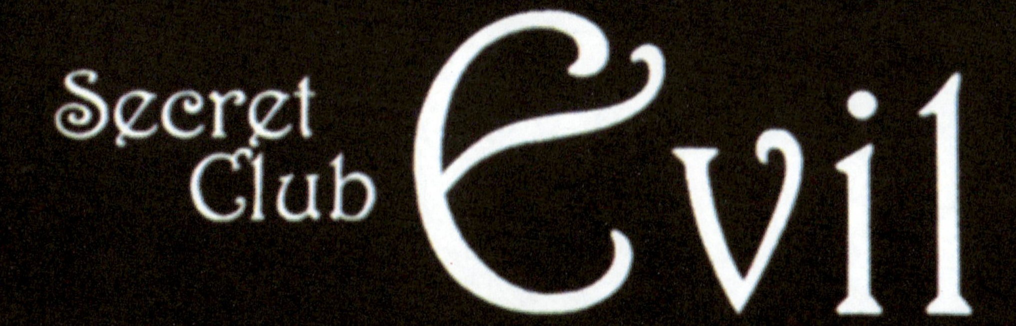

Secret
Club
Evil
Tel 045-227-7088

图像

图像相对文字而言，更能够传播较复杂的思想，尤其是图像的语言，不分国家、民族、男女老少、语言差异、文化类别，能够普遍地被人们所接受和了解。我们生活在一个充满视觉形象的社会，面对各种媒体每日源源不断的视觉信息轰炸，必须试图去认识、理解图像。

现代设计首先是着眼于视觉的，图形图像在现代设计中以其独具的魅力，在视觉设计的各个领域中反映出来。在视觉设计中既能传达信息，又能表达思想和观念的图像正越来越多地出现，设计师以自身多元化的知识结构和超常的艺术想像力创造着各种风格的图像。尤其是如今人类社会已进入信息时代，图形图像设计的创造力更是进入了一个新的层面，在环境视觉设计中追求个性表现，强调创意、强调图像的视觉冲击力的设计作品，给人以崭新的视觉体验。

室外环境识别 / 日本东京新宿

GARDEN
ZOOS DO!
GOLDEN BURNING
ORIENTAL CUISINE
GOLDEN & BURNING
cafe chocolat

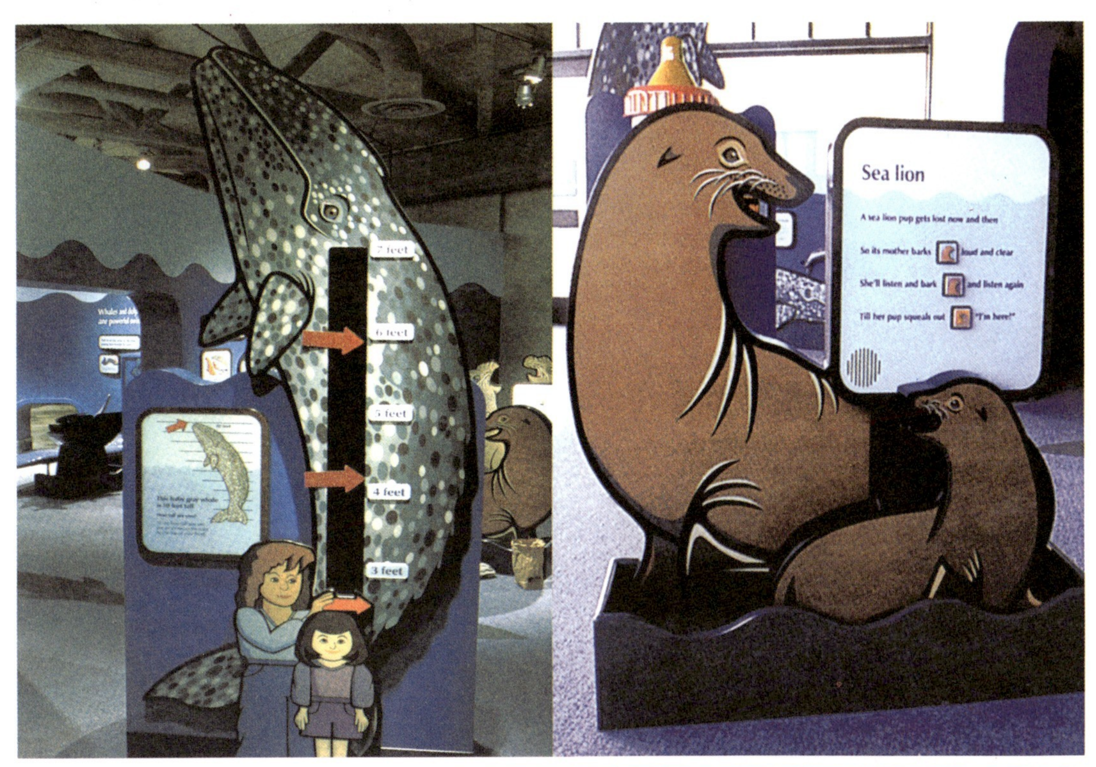
7 feet
6 feet
5 feet
4 feet
3 feet
Sea lion
A sea lion pup gets lost now and then
So its mother barks loud and clear
She'll listen and bark and listen again
Till her pup squeals out "I'm here!"

東風酒場 まんじゅうや

图书在版编目(CIP)数据

环境视觉设计／王峰著．—北京：中国建筑工业出版社，2005
高等艺术院校视觉传达设计专业教材
ISBN 7-112-07627-7

Ⅰ.环...　Ⅱ.王...　Ⅲ.环境设计-高等学校-教材
Ⅳ.TU-856

中国版本图书馆 CIP 数据核字(2005)第 092796 号

策　　划：陈原川　李东禧
责任编辑：陈小力　李东禧
整体设计：李　洋　王　峰
责任设计：孙　梅
责任校对：关　健　王金珠

高等艺术院校视觉传达设计专业教材
环境视觉设计
王峰　著
*
中国建筑工业出版社出版(北京西郊百万庄)
新华书店总店科技发行所发行
北京嘉泰利德制版公司制版
北京中科印刷有限公司印刷
*
开本：787×960 毫米　1/16　印张：8½　字数：170 千字
2005 年 9 月第一版　　2006 年 8 月第二次印刷
印数：3001—4500 册　　定价：39.00 元
ISBN 7-112-07627-7
(13581)

(邮政编码 100037)
本社网址：http://www.china-abp.com.cn
网上书店：http://www.china-building.com.cn